全国渔业船员培训统编教材
农业部渔业渔政管理局 组编

船舶主动力装置

（海洋渔业船舶一级、二级轮机人员适用）

杨建军　潘建忠　沈千军　编著

中国农业出版社

图书在版编目（CIP）数据

船舶主动力装置：海洋渔业船舶一级、二级轮机人员适用 / 杨建军，潘建忠，沈千军编著 .—北京：中国农业出版社，2017.4

全国渔业船员培训统编教材

ISBN 978－7－109－22842－9

Ⅰ.①船…　Ⅱ.①杨…　②潘…　③沈…　Ⅲ.①船舶机械-动力装置-技术培训-教材　Ⅳ.①U664.1

中国版本图书馆 CIP 数据核字（2017）第 070912 号

中国农业出版社出版

（北京市朝阳区麦子店街 18 号楼）

（邮政编码 100125）

策划编辑　郑　珂　黄向阳

责任编辑　神翠翠

三河市君旺印务有限公司印刷　　新华书店北京发行所发行

2017 年 4 月第 1 版　　2017 年 4 月河北第 1 次印刷

开本：700mm×1000mm　1/16　　印张：10.75

字数：180 千字

定价：45.00 元

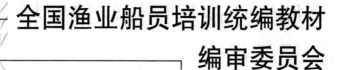

全国渔业船员培训统编教材
编审委员会

全国渔业船员培训统编教材编辑委员会

丛书序

安全生产事关人民福祉，事关经济社会发展大局。近年来，我国渔业经济持续较快发展，渔业安全形势总体稳定，为保障国家粮食安全、促进农渔民增收和经济社会发展作出了重要贡献。“十三五”是我国全面建成小康社会的关键时期，也是渔业实现转型升级的重要时期，随着渔业供给侧结构性改革的深入推进，对渔业生产安全工作提出新的要求。

高素质的渔业船员队伍是实现渔业安全生产和渔业经济持续健康发展的重要基础。但当前我国渔民安全生产意识薄弱、技能不足等一些影响和制约渔业安全生产的问题仍然突出，涉外渔业突发事件时有发生，渔业安全生产形势依然严峻。为加强渔业船员管理，维护渔业船员合法权益，保障渔民生命财产安全，推动《中华人民共和国渔业船员管理办法》实施，农业部渔业渔政管理局调集相关省渔港监督管理部门、涉渔高等院校、渔业船员培训机构等各方力量，组织编写了这套“全国渔业船员培训统编教材”系列丛书。

这套教材以农业部渔业船员考试大纲最新要求为基础，同时兼顾渔业船员实际情况，突出需求导向和问题导向，适当调整编写内容，可满足不同文化层次、不同职务船员的差异化需求。围绕理论考试和实操评估分别编制纸质教材和音像教材，注重实操，突出实效。教材图文并茂，直观易懂，辅以小贴士、读一读等延伸阅读，真正做到了让渔民“看得懂、记得住、用得上”。在考试大纲之外增加一册《渔业船舶水上安全事故案例选编》，以真实事故调查报告为基础进行编写，加以评论分析，以进行警示教育，增强学习者的安全意识、守法意识。

相信这套系列丛书的出版将为提高渔民科学文化素质、安全意识和技能以及渔业安全生产水平，起到积极的促进作用。

谨此，对系列丛书的顺利出版表示衷心的祝贺！

农业部副部长

2017年1月

前言

《船舶主动力装置（海洋渔业船舶一级、二级轮机人员适用）》一书是在农业部渔业渔政管理局的组织指导下，由浙江海洋大学、舟山市渔业技术培训中心共同承担编写任务，按照《农业部办公厅关于印发渔业船员考试大纲的通知》（农办渔〔2014〕54号）中关于渔业船员理论考试和实操评估的要求而编写的。参加编写人员都是具有多年教学和实船工作经验的教师以及行业管理人员。

本书内容紧扣农业部最新渔业船员考试大纲，突出适任培训和实践的特点，并且融入了编者多年的教学培训经验和实操技能，旨在培养船员在实践中的应用能力。本书适用于全国海洋渔业船舶轮机人员的考试、培训和学习，也可作船员上船工作的工具书。

全书由浙江海洋大学杨建军、浙江省海洋与渔业局潘建忠、舟山市渔业技术培训中心沈千军共同编写，由沈千军统稿。

限于编者经历及水平，书中错漏之处在所难免，敬请使用本书的师生批评指正，以求今后进一步改进。

本书在编写、出版工作中得到农业部渔业渔政管理局、中国农业出版社等单位的关心和大力支持，特致谢意。

编　者

2017年1月

目录

丛书序
前言

第一章　渔船动力装置概述 1
第一节　渔船动力装置的组成和类型 1
一、渔船动力装置的组成 1
二、渔船动力装置的类型 2
第二节　渔船动力装置的要求及其性能指标 2
一、对渔船动力装置的要求 2
二、渔船动力装置的基本性能指标 4
第三节　渔船动力装置的可靠性 5
一、渔船的特殊性 5
二、可靠性在渔船动力装置中的应用 5

第二章　渔船柴油机 7
第一节　柴油机的基础知识 7
一、柴油机的定义 7
二、柴油机的基本结构与基本术语 7
三、柴油机的分类和特点 10
四、四冲程柴油机的工作原理和工作特点 11
五、柴油机的性能指标 14
第二节　柴油机的结构和主要部件 14
一、筒形活塞柴油机的结构特点 14
二、柴油机的主要部件 15
第三节　燃油的喷射与燃烧 38
一、燃油的性能指标分类 39
二、过量空气系数及其对燃烧过程的影响 40
三、喷射过程 41

四、可燃混合气的形成 …… 44
五、喷油设备 …… 45
六、柴油机的燃烧过程 …… 57
七、柴油机的热平衡 …… 61
第四节　四冲程柴油机的换气与增压 …… 61
一、四冲程柴油机的换气过程 …… 61
二、四冲程柴油机的换气机构 …… 62
三、柴油机增压的概述 …… 68
第五节　柴油机的特性 …… 83
一、渔船柴油机的工况和运转特性的基本概念 …… 83
二、速度特性的概念 …… 84
三、负荷特性的概念和负荷特性的参数分析 …… 85
四、推进特性的概念和推进特性的参数分析 …… 86
五、柴油机的限制特性 …… 86
六、柴油机和螺旋桨的配合 …… 88
第六节　柴油机的调速装置 …… 90
一、调速的必要性和调速器的类型 …… 90
二、超速保护装置 …… 92
三、调速器的性能指标 …… 92
四、机械调速器的工作原理和特点 …… 93
五、液压调速器 …… 94
六、调速器的维护管理与故障排除 …… 99
第七节　柴油机的启动、换向和操纵 …… 102
一、柴油机的启动 …… 102
二、柴油机的换向 …… 107
三、操纵系统的要求和类型 …… 108

第三章　柴油机系统 …… 111

第一节　燃油系统 …… 111
一、燃油系统的组成 …… 111
二、燃油的加装、驳运和测量 …… 112
三、燃油的净化和供给 …… 113
第二节　润滑系统 …… 114
一、润滑系统的组成、主要设备和作用 …… 114
二、润滑系统的常见故障与维护管理 …… 117

三、润滑和润滑油 …… 121
四、曲轴箱油变质与检查 …… 123
第三节 分油机 …… 124
一、分油机的基本工作原理和类型 …… 124
二、分油机的基本结构 …… 125
三、分油机的使用和维护管理要点 …… 127
四、分油机常见故障与处理 …… 129
第四节 冷却系统 …… 130
一、冷却系统的类型和组成、主要设备及其作用 …… 130
二、冷却系统的维护管理 …… 133

第四章 轴系与推进装置 …… 135

第一节 推进装置的传动方式 …… 135
一、间接传动 …… 135
二、可调螺距螺旋桨传动 …… 136
第二节 轴系 …… 136
一、轴系的组成、作用和工作条件 …… 136
二、轴系的布置方案及各组成部分的布置要求 …… 137
三、中间轴和中间轴承、艉轴与艉轴管的结构 …… 139
四、艉轴管的冷却与润滑 …… 144
五、传动轴系的管理 …… 145
第三节 齿轮箱和联轴器的作用、结构和工作条件 …… 146
一、齿轮箱 …… 146
二、联轴器 …… 149
第四节 螺旋桨 …… 152
一、定距螺旋桨 …… 152
二、可调螺距螺旋桨 …… 153
三、侧推器 …… 153
第五节 渔船推进装置的工况配合特性 …… 154
一、柴油机和螺旋桨的配合 …… 154
二、船、机、桨的特性 …… 156

第一章　渔船动力装置概述

第一节　渔船动力装置的组成和类型

渔船动力装置是为了满足渔业船舶航行、各种作业、人员的生活和安全等需要所设置的全部机械、设备和系统的统称，主要包括推进设备、船舶电站、制冷装置、转舵机械、捕捞机械、制淡水装置，以及压缩空气、压载、舱底、消防等系统。

一、渔船动力装置的组成

渔船动力装置主要由推进装置、辅助装置、管路系统、甲板机械、防污染设备、应急设备和自动化设备七部分组成。

1. 推进装置

推进装置即为推动船舶航行的装置，包括主机、传动设备、轴系和推进器。

2. 辅助装置

辅助装置是指除推进装置以外的其他产生能量的装置，包括船舶电站、制冷装置、液压泵站、辅锅炉和空气压缩机。

3. 管路系统

管路系统由各种阀件、管路、泵、滤器和热交换器等组成。用以输送各种流体工质，以维持船舶的各种机械正常运转。按管路系统的用途不同，可分为动力系统和辅助系统两大类。

(1) 动力系统　为推进装置和辅助装置服务的管路系统，包括燃油系统、滑油系统、海淡水冷却系统和压缩空气系统等。

(2) 辅助系统　为船舶平衡、稳性、人员生活和安全服务的管路系统，也称为船舶系统，包括压载系统、舱底水系统、日用海水系统及淡水系统、通风系统、空调系统和消防系统等。

4. 甲板机械

为保证船舶航向、锚泊靠泊、收放网具所设置的机械统称为甲板机械。包括舵机、锚机、绞缆机、绞纲机（起网机）等。

5. 防污染设备

用来处理船上的含油污水、生活污水等的设备。包括油污水分离装置、生活污水处理装置等。

6. 应急设备

应急设备包括为弃船求生或救助生命设置的设备、为机舱失去电力时设置的设备、为避免“瘫船”设置的设备等。这些设备有救生艇、应急发电机、应急消防泵、应急舵机和应急空压机等。

7. 自动化设备

自动化设备是为改善船员的工作条件、减轻船员的劳动强度和维护工作量、提高工作效率及减少人为操作错误所设置的设备。它主要由主、辅机的遥控单元，温度、压力、液位的自动调节单元，机舱各设备的工况监视、报警等设备组成。

二、渔船动力装置的类型

渔业船舶动力装置以主机的类型进行分类主要分为三类：

（1）大型低速柴油机动力装置

（2）中速柴油机动力装置

（3）高速柴油机动力装置

第二节　渔船动力装置的要求及其性能指标

一、对渔船动力装置的要求

对渔船动力装置的要求，包括可靠性、经济性、机动性、续航力、生命力等。

1. 可靠性

可靠性对渔船动力装置来说具有特别重要的意义。渔船航行作业中长期离开陆地，在发生故障时不可能及时得到陆地人员的支援。动力装置发生故障，在复杂航行环境和严峻的气象条件下，有可能导致海损和严重的海洋污染。渔船动力装置的可靠性至关重要。

影响可靠性因素主要有三个方面，即设计、工艺、使用。使用对可靠性的影响表现在以下三个方面：船员按规范监造是取得可靠性的先决条件；备件数量和固定方式是提高可靠性的重要措施；管理人员的业务水平是取得可靠性的有力保证。

2. 经济性

渔船在营运中，动力装置的维护费、燃油费、滑油费、折旧费对经济性影响较大，是重点考虑的因素。

3. 机动性

渔船机动性指的是改变渔船运动状态的灵敏性（主要指改变航速和方向），它是船舶安全航行的重要保证。船舶起航、变速、倒航和回转性能是船舶机动性的主要体现，而船舶的机动性取决于动力装置的机动性，动力装置的机动性主要由以下几个指标来说明。

（1）准备启航（备车）所需的时间　从接到启航命令开始，经过暖机、启动各系统、转车和冲试车，使主机达到随时可用状态的时间。这段时间越短，机动性越好。

（2）柴油机由启动开始至达到全功率所需的时间　这是动力装置加速性能指标，它的长短直接影响到船舶加速的快慢，所以希望它短一些。这段时间的长短主要取决于柴油机的形式、船体形状、螺旋桨的形式等，影响柴油机加速的因素是它的运动部件的质量惯性和受热部件的热惯性，其中，热惯性影响更为突出。在这方面，中速机优于低速机。船舶本身的阻力大小对柴油机的加速性能也有很大影响，由于调距桨对外界条件有很好的适应性，它的加速性能明显优于定距桨。

（3）柴油机换向所需的时间和可能的启动次数　柴油机换向所需的时间是指主机在最低稳定转速对，由发出换向命令到主机以相反方向开始工作的时间。换向时间越短，机动性越好。按《渔业船舶法定检验规则》规定，主机换向时间不得大于 15 s。启动次数取决于空气瓶的容积和主机启动性能，连续启动次数越多越好。《渔业船舶法定检验规则》规定，供主机启动用的空气瓶至少应有两个，其容量在不补充空气的情况下，对每台可换向的主机能在冷机条件下连续启动不少于 12 次，试验时应正、倒车交替进行；对每台不能换向的主机能在冷机条件下连续启动不少于 6 次。

（4）船舶由全速前进变为倒航所需的时间　这是体现主机紧急倒车性能的指标。由于船舶惯性大，由全速前进变为后退所需的时间，总是大大超过柴油机换向所需要的时间。船舶开始倒航前滑行的距离主要取决于船舶的载重量、航速、主机的启动换向性能、空气瓶空气压力和主机倒车功率。

(5) **柴油机的最低稳定转速和转速限制区域** 柴油机的最低稳定转速直接影响船舶微速航行性能。船舶在进出港机动操纵时往往需要很低的速度，主机最低稳定转速低可得到较低的船速，因此主机的最低稳定转速应尽量低些。一般低速柴油机的最低稳定转速不高于标定转速的30%，中速机不高于40%，高速机不高于45%。在主机使用转速范围内如存在引起船体或轴系共振的临界转速，则应规定为转速禁区，在主机操纵台上设告示牌，并在主机转速表以红色区域标明。在主机使用转速范围内，转速禁区越少越好。

4. 续航力

续航力是指船舶不需要补充任何物资（燃油、滑油、淡水等，但一般主要指燃油）所能航行的最大距离或最长时间。续航力不但和动力装置的经济性、物资储备量有关，也和航速有很大关系。为了满足船舶续航力的要求，船上必须设有足够大的油、水舱柜。

5. 生命力

生命力是指船舶在船机发生故障的情况下最大限度地维持工作的能力。

除了以上要求外，还要求动力装置寿命长，便于维护管理，有一定的自动化程度，振动要轻，噪声要小，并能满足造船和验船规范。

二、渔船动力装置的基本性能指标

1. 船舶有效功率

船舶有效功率指的是船舶航行时，克服水、风对船体产生的阻力所消耗的功率。船体阻力与船舶线型、吃水、尺度、航速、海况及航道状况有关。动力装置的做功能力是按船舶的最大航速并考虑一定的储备后确定的。

2. 动力装置燃料消耗率

指的是动力装置每小时燃油总消耗量与螺旋桨推动功率之比。

3. 动力装置有效热效率

指的是每小时螺旋桨推力功的相当热量与同样时间内动力装置消耗的燃油所放出的总热量之比。

4. 每海里燃油消耗量

指船舶每航行1 n mile（海里）的动力装置所消耗的燃油总量。

5. 渔船日耗油量

渔船在航行时每天都要计算实际燃油消耗量。渔船日耗油量指每 24 h 全船所消耗的燃油总量，它应是主机、柴油发电机、锅炉的日耗油量，若船上其他地方也燃用燃油（如厨房），也应计算在内。

第三节　渔船动力装置的可靠性

一、渔船的特殊性

动力装置的可靠性与渔船的特殊性密切相关，渔船特殊性主要表现在以下五个方面：

1. 船用机械设备的制造台数

有的船用机械设备机型制造数量少，有些机型研发出来后，并没有经过充分的试验，即装船使用，这就使得其可靠性不能得到保证。

2. 主机机型更新换代快

由于造船市场、燃油价格、钢材价格等因素的影响，船用柴油机制造厂都以对其产品进行更新换代来满足市场的需求。由于更新换代快，有些产品在开发过程中，存在着设计、选材、制造等方面的缺陷，得不到及时的纠正，致使可靠性不能得到保证。

3. 设备使用环境十分苛刻

渔船在大海中航行作业时，横摇和纵摇及颠簸较厉害，这就大大增加了结构部件和运动部件的附加应力、附加弯矩和冲击负荷，磨损也随之增大，对运动部件的润滑也十分不利，使得可靠性降低。

4. 在发生故障时需要船员自行处理，技术、工具、备件、材料等受限

当船舶在航行中发生故障时，由于远离陆地，得不到岸基人员的及时现场支持，并且工具、备件、材料等都只限于随船所带，故对船舶动力装置可靠性的要求高于陆地同类型的动力机械。

5. 发生故障时，由于客观环境复杂，可能会导致严重后果

渔船在航行期间，经常会遭遇大风、大浪的恶劣气象条件，动力装置又是船舶的心脏，如果动力装置的可靠性不高，在严酷的航海条件下发生故障，将会导致十分严重的后果。

二、可靠性在渔船动力装置中的应用

可靠性在动力装置质量指标中占有特殊的地位，因为它是落实其他指标

的前提，直接影响其他指标的优劣。

1. 渔船动力装置的可靠性

渔船动力装置工作在颠簸、震动、高温、腐蚀、磨损等严酷的条件下，在规定的使用时间内完成渔船在海上安全运行的能力。

2. 影响渔船动力装置可靠性的因素

影响渔船动力装置可靠性的因素有很多，但总的归纳起来，可分为设计、选材、制造加工、安装、调试、使用管理与维修等几个方面。作为设计部门、制造厂家和使用管理者，都应该对动力装置的可靠性给以足够的重视，将可靠性的概念贯穿在各项工作的始终。

第二章　渔船柴油机

第一节　柴油机的基础知识

一、柴油机的定义

通常把热能转化成机械能的动力机械称之为热机。热机分为内燃机和外燃机，内燃机（如柴油机、汽油机、燃气轮机等）的燃烧发生在机械动力装置气缸里。外燃机（如蒸汽轮机）的燃烧发生在机械动力装置气缸外。

内燃机完成做功需要经过两次能量转换：第一次能量转换——将燃料的化学能通过燃烧转变成热能；第二次能量转换——热能通过燃气的膨胀做功再转变成机械能。两次能量转换均在气缸内部进行的动力机械装置称为内燃机。

柴油机是一种压燃式的往复式内燃机。由于柴油机采用压缩发火并且内部燃烧，因此具有在热机范畴内热效率最高、经济性好、功率范围大、机动性好、尺寸小、重量轻等优点。

但是柴油机也存在着振动、扭转和噪声、某些部件承受较大热负荷和机械负荷等缺点。

二、柴油机的基本结构与基本术语

1. 柴油机的基本结构

柴油机的主要部件按工作时所处状态的不同，可分为固定部件和运动部件两大类。固定部件包括机座、机体、气缸套、气缸盖和主轴承等；运动部件包括活塞、活塞销、连杆、曲轴和飞轮等。柴油机系统按不同的功能可分为配气系统、喷油系统、润滑系统、冷却系统、压缩空气启动系统、调速系统、换向系统、增压系统、操纵系统。

2. 柴油机的基本术语

图 2-1　所示为柴油机的基本结构参数。

(1) 上止点和下止点　上止点——活塞在气缸中运动所能达到的最高位置。下止点——活塞在气缸中运动所能达到的最低位置。上、下止点也可以分别表示为活塞离曲轴中心线最远和最近的位置。

(2) 活塞行程（S）　活塞上、下止点之间的直线距离。行程也等于曲轴回转半径的两倍（$S=2R$）。

(3) 气缸直径（D）　缸套内圆的直径。

(4) 压缩容积（V_c）　当活塞位于上止点时，活塞顶平面与缸盖底平面之间的空间，又称余隙容积或燃烧室容积。该空间的高度即为存气间隙或燃烧室高度。

(5) 工作容积（V_s）　活塞上、下止点之间的空间。$V_s=\pi D^2 S/4$。

(6) 气缸总容积（V_a）　当活塞位于下止点时，活塞顶平面与缸盖底平面之间的空间。$V_a=V_c+V_s$。

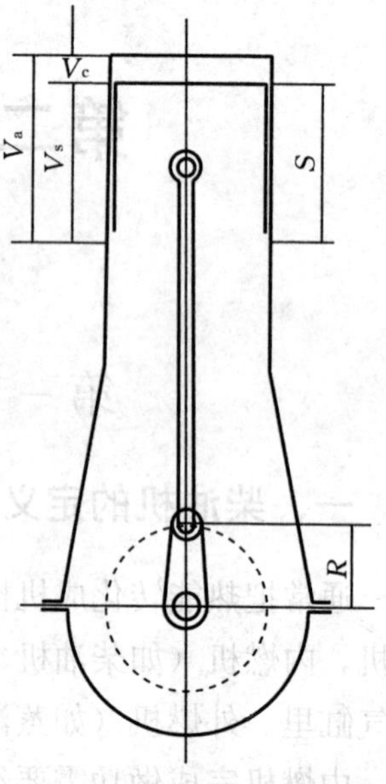

图 2-1　柴油机的基本结构参数

S. 活塞行程　R. 曲轴回转半径
V_a. 气缸总容积　V_s. 工作容积
V_c. 燃烧室容积

(7) 压缩比（ε）　是气缸总容积与压缩容积的比值，表示进入气缸的空气被活塞压缩后，体积所缩小的倍数。$\varepsilon=V_a/V_c=1+V_s/V_c$。它是一个对柴油机性能影响很大的结构参数，主要表现在经济性、燃烧与启动及机械负荷等方面。在一定范围内提高ε可明显提高经济性，但过高时将由于余隙高度过小不利雾化与混合而使经济性下降；同时ε增加使压缩压力增加，继而使爆炸压力提高，使柴油机负荷增加，磨损加剧，因此，机械负荷限制了ε的上限。为了使柴油机燃烧良好以保证冷车启动，ε不能太低。因此，保证柴油机具有良好的冷车启动性能成为了限制ε的下限。

(8) 压缩压力　额定转速下，油泵不供油时，气缸内所能达到的最高压力。测量和比较各缸压缩压力，主要用于判别燃烧室密封情况的好坏，也是用于判断是否要进行吊缸保养的依据之一。各缸压缩压力相差不超过±2.5%，柴油机各缸压缩压力通常在柴油机达到额定转速且切断气缸供油时进行测量。

(9) 爆炸压力　燃料燃烧时气缸内气体所能达到的最高压力。主要用于判断气缸内燃烧质量的好坏。测量和比较各缸的爆炸压力，可以判断柴油机各缸喷油提前角和雾化质量的好坏。各缸爆炸压力相差不超过±4%，爆炸压力通常在柴油机全负荷运转 2 h 后，各运行参数稳定时测量较为准确。

(10) 气阀重叠角　排气冲程末期进气冲程初期，当活塞处于上止点附近，进、排气阀同时开启时曲轴所转过的角度，又叫进、排气重叠角。

(11) 工作循环　从新鲜空气进入气缸起，到燃烧后的废气排出气缸为止（即完成进气、压缩、燃烧、膨胀、排气五个过程），这一完整的工作过程称为柴油机的一个工作循环。

(12) 喷油提前角　在活塞压缩行程末期，燃油在活塞尚未到达上止点前就开始向气缸内喷油，此时曲柄与上止点之间的夹角，也叫几何喷油提前角。

(13) 临界转速　柴油机运转中使柴油机发生共振时的曲轴转速。一般在转速表上用红线表示。柴油机在临界转速下运转将会造成很大的噪声和震动，对柴油机产生致命的损坏。

(14) 柴油机扭矩　柴油机输出轴的旋转力矩，也称转矩。

(15) 定时图　以上、下止点为基准，按一定的转向和冲程数，用曲柄转角位置把各种定时表示在同一个圆上的图形。用以表示柴油机配气、喷油、启动的时刻与曲轴位置之间的关系。图 2-2 为四冲程柴油机的定时图。

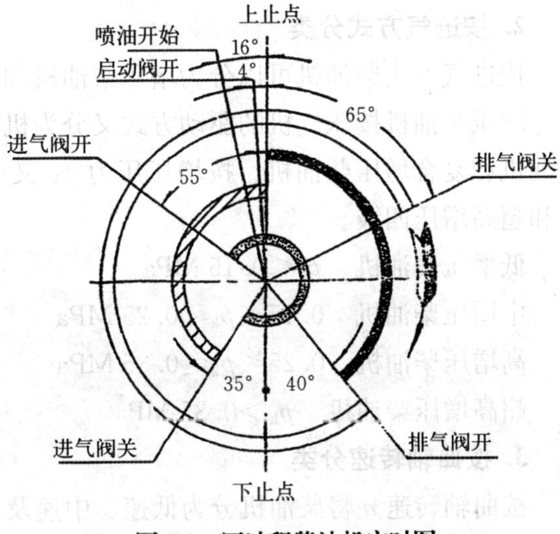

图 2-2　四冲程柴油机定时图

(16) 进气提前角　进气过程开始时，进气阀在活塞尚未到达上止点前就已提前打开，此时曲柄相应的位置与上止点之间的夹角，称为进气提前角。

(17) 进气延迟角　进气过程结束时，进气阀在活塞到达下止点后还要延迟一段时间才关闭，此时曲柄相应位置与下止点之间的夹角，称为进气延迟角。

(18) 排气提前角　排气过程开始时，排气阀在活塞尚未到达下止点前就已提前打开，此时曲柄相应位置与下止点之间的夹角，称为排气提前角。

(19) 排气延迟角　排气过程结束时，排气阀在活塞到达上止点后还延迟一段时间才关闭，此时曲柄相应位置与上止点之间的夹角，称为排气延迟角。

三、柴油机的分类和特点

1. 按工作循环分类

有四冲程和二冲程柴油机之分。用活塞的两个行程完成一个工作循环的柴油机称为二冲程柴油机，而用活塞的四个行程完成一个工作循环的柴油机称为四冲程柴油机。

四冲程机因结构简单、换气质量优于二冲程机而适用于高转速，但其单缸功率小，不宜在大功率中使用。

二冲程机单缸功率大、工作可靠、寿命长。由于换气质量差，常用于低速大功率。

二冲程柴油机按其扫气方式又分为直流扫气、横流扫气、回流扫气、半回流扫气等类型柴油机。

2. 按进气方式分类

按进气方式柴油机可以分为增压柴油机和非增压柴油机。

增压柴油机按压气机的驱动方式又分为机械增压柴油机、废气涡轮增压柴油机和复合增压柴油机。按增压压力 p_k 又可分为低增压、中增压、高增压和超高增压四级。

低增压柴油机　$p_k \leqslant 0.15$ MPa

中增压柴油机　$0.15 < p_k \leqslant 0.25$ MPa

高增压柴油机　$0.25 < p_k \leqslant 0.35$ MPa

超高增压柴油机　$p_k > 0.35$ MPa

3. 按曲轴转速分类

按曲轴转速 n 将柴油机分为低速、中速及高速柴油机

低速柴油机　$n \leqslant 300$ r/min

中速柴油机　$300 < n \leqslant 1\,000$ r/min

高速柴油机　$n > 1\,000$ r/min

4. 按结构特点分类

(1) 筒形活塞式柴油机与十字头式柴油机　图 2-3 表示筒形活塞式柴油

机与十字头式柴油机的构造示意图。

图 2-3a 为筒形活塞式柴油机，它的特点是活塞上下运动时的导向作用由活塞下部的筒形裙部来承担。这种结构的优点是结构紧凑、重量轻、尺寸小。它的缺点是由于运动时有侧推力，活塞与气缸壁之间的磨损较大。目前高速及中速柴油机都采用这种构造形式。

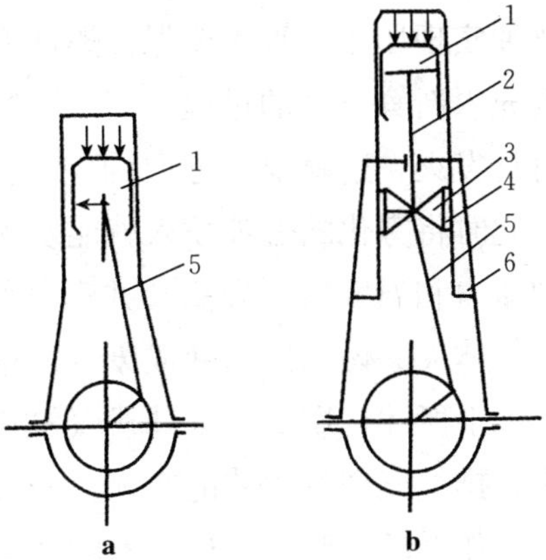

图 2-3　筒形活塞式和十字头式柴油机的构造示意图

a. 筒形活塞式柴油机　b. 十字头式柴油机

1. 活塞　2. 活塞杆　3. 十字头

4. 滑块　5. 连杆　6. 导板

图 2-3b 为十字头式柴油机。它的特点是活塞 1 通过活塞杆 2 与十字头 3 相连。由于活塞不起导向作用而且与气缸壁之间没有侧推力，磨损较小，不易擦伤或卡死。它的缺点是柴油机结构复杂，尺寸和重量增大。目前大型低速柴油机都采用十字头式柴油机。

(2) **直列式柴油机和 V 形柴油机**　具有两个或两个以上的直立气缸并呈一列布置的柴油机称为直列式柴油机。其最多缸数受到曲轴刚性限制一般不超过 12 缸。对超过 12 缸者多采用 V 形布置，V 形柴油机的气缸夹角为 90°、60°和 45°，其气缸数可高达 18～24 个。

(3) **可逆转与不可逆转柴油机**　可由操纵柴油机机构改变自身转向的柴油机称为可逆转柴油机。仅能以同一方向旋转的柴油机称为不可逆转柴油机。

(4) **左旋柴油机和右旋柴油机**　面朝飞轮，从功率输出端向自由端看，正车时飞轮顺时针方向旋转的称为右旋柴油机。反之，就称为左旋柴油机。当船舶采用双桨时，则常采用两螺旋桨对称向内旋转形式。

四、四冲程柴油机的工作原理和工作特点

(一) 四冲程柴油机的工作原理

1. 柴油机的基本工作过程

柴油机是采用以压缩发火的方式使燃料在气缸内部燃烧，以高温高压的燃气工质在气缸中膨胀推动活塞作往复运动，再通过活塞—连杆—曲柄机构

将往复运动转变为曲轴的回转运动，从而带动工作机械。根据上述原理，要使燃油实现压燃，首先要保证燃油充分燃烧的足量空气，这就需要一个向气缸内充入新鲜空气的过程；其次，燃油的燃烧不是靠点燃，而是在高温高压下自行发火，这就要对缸内的空气进行压缩，使其达到足够高的温度和压力。此时将雾化的燃油喷入就能发火燃烧。燃烧产生的大量热能，使缸内燃气的压力和温度急剧升高，并在气缸中膨胀推动活塞运动做功。膨胀终了时，气体失去做功能力变成废气被排出气缸。

综上所述，燃油在柴油机气缸中燃烧做功必须通过进气、压缩、燃烧、膨胀、排气五个过程才能实现，经过这五个过程就做功一次，也就是完成了一个工作循环。柴油机连续不断地运转，就是这工作循环不断重复的结果。

在柴油机中可用活塞的两个行程或四个行程完成一个工作循环，相应称为二冲程或四冲程柴油机。

2. 四冲程柴油机的工作原理

四冲程柴油机的工作过程如图 2-4 所示。

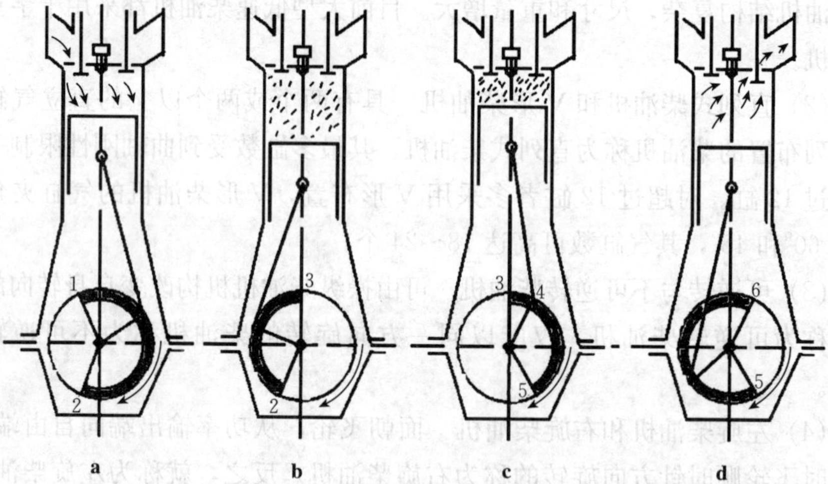

图 2-4　四冲程柴油机工作过程

a. 进气冲程　b. 压缩冲程　c. 做功冲程　d. 排气冲程

1. 进气阀开　2. 进气阀关　3. 上止点　4. 燃烧基本结束　5. 排气阀开　6. 排气阀关

(1) 进气冲程（图 2-4a）　空气进入气缸时相应的活塞行程。

活塞从上止点下行，进气阀已经打开，由于气缸容积不断增大，缸内压力下降，依靠缸内气体与大气的压差，新鲜空气经进气阀被吸入气缸。为了能充入更多的空气，进气阀一般均在活塞到达上止点前即提前打开（曲柄位于点 1），活塞到下止点后延迟关闭（曲柄位于点 2）。曲轴转角（°CA）为 220°～250°。

(2) 压缩冲程（图 2-4b）　工质在气缸内被压缩时相应的活塞行程。

活塞从下止点向上运动，自进气阀关闭开始压缩（曲柄位于点 2），一直到活塞到达上止点为止（曲柄到达点 3）。随着活塞的上行，缸内容积减少，空气压力和温度开始增加，压缩终点的压力增高到 3～6 MPa，温度升高到 600～700 ℃（燃油的自燃温度为 210～270 ℃）。在压缩过程的后期由喷油器喷入气缸的燃油与高温空气混合，加热，并自行发火燃烧。曲轴转角为 140°～160°。

(3) 做功（燃烧和膨胀）冲程（图 2-4c）　工质在气缸内燃烧和膨胀时相应的活塞行程。

活塞在上止点附近，由于燃油的猛烈燃烧，使气缸内的压力和温度急剧升高，压力达 5～8 MPa，甚至高达 15 MPa 以上；温度升高到 1 400～1 800 ℃，或更高些。高温高压的燃气（即工质）膨胀推动活塞下行而做功。由于气缸容积逐渐增大使压力下降，在上止点后的某一时刻（曲柄位于点 4）燃烧基本结束。膨胀一直到排气阀开启时结束。与进气阀一样，排气阀总是在活塞运动到达下止点前提早开启（曲柄位于点 5）。

(4) 排气冲程（图 2-4d）　废气从气缸内排出时相应的活塞行程。

在上一行程末期，排气阀开启时，活塞尚在下行，废气靠气缸内外的压力差经排气阀排出（自由排气），当活塞由下止点上行时，废气被活塞强行挤出气缸（强制排气），此时的排气过程是在略高于大气压力且在压力基本不变的情况下进行的。排气阀一直延迟到活塞到达上止点后某一位置（曲柄位于点 6）才关闭（惯性排气）。排气过程曲轴转角为 230°～260°。

进行了上述四个冲程，柴油机就完成了一个工作循环。当活塞继续运动时，另一个新的循环又按同样的顺序重复进行。

（二）四冲程柴油机的工作特点

① 一个工作循环在曲轴转两转内完成，每一个过程都约占一个活塞冲程。

② 在曲轴转两转过程中，进气阀、排气阀、喷油器均只启闭一次，因此凸轮轴转速比曲轴慢一半。凸轮轴转速与曲轴转速比为 1 ∶ 2。

③ 每一工作循环中，只有做功冲程才对外做功，其余的三个冲程都是辅助冲程，并且要消耗一定的功率。

五、柴油机的性能指标

柴油机的性能指标，包括动力性指标和经济性指标。

1. 动力性指标

(1) 平均指示压力　平均指示压力是气缸中假定的一个不变的平均压力，它推动活塞在一个行程内所做的功与一个工作循环的指示功相等，把这个假定不变的压力称为平均指示压力。

(2) 指示功率　指示功率是指发动机每单位时间内作用于活塞上的指示功。

(3) 有效功率和机械损失功率　从柴油机飞轮端处测量的功率称为有效功率。也可以说是指示功率减去机械损失功率所剩的功率。

有效功率主要有：一小时功率（为柴油机允许连续运转1h的最大有效功率）和持续功率（为柴油机允许长期运转的最大有效功率）。

(4) 机械效率　机械效率是柴油机输出轴端获得的有效功率与气缸内发出的指示功率的比值。

(5) 平均有效压力　平均有效压力是一个假定不变的压力，它推动活塞在一个膨胀行程内所做的功，与一个循环中曲轴所输出的有效功相等。

2. 经济性指标

(1) 指示油耗率　柴油机的指示油耗率表示单位指示功率每小时的耗油量。

(2) 指示热效率　指示热效率是柴油机的实际循环指示功与得到此指示功所消耗的燃料热量之比值。

(3) 有效耗油率　柴油机的有效耗油率表示单位有效功率每小时的耗油量。

(4) 有效热效率　有效热效率是柴油机的实际循环有效功与得到此有效功所消耗的燃料热量之比值。

第二节　柴油机的结构和主要部件

一、筒形活塞柴油机的结构特点

筒形活塞柴油机的特点是活塞的高度一般较大，活塞上下运动时的导向作用由活塞本身下部的筒形裙部来承担。活塞通过活塞销直接与连杆的小端相连，在运动时活塞与气缸壁之间产生侧推力。活塞底部与曲轴箱沟通，气缸多采用飞溅润滑，气缸壁上流下的滑油直接流入曲轴箱内。这种结构的优点是结构简单、紧凑、轻便，发动机高度较小。它的缺点是由于运动时有侧推力，活塞与气缸壁之间的磨损较大。目前高速及中速柴油机都采用这种构造形式。

二、柴油机的主要部件

柴油机的主要部件是指燃烧室部件（如气缸盖、气缸、活塞）、曲柄连杆机构（如连杆、曲轴和轴承）、机架、机座和贯穿螺栓等部件。这些部件技术状态的好坏不但直接影响柴油机的技术性能指标，而且还对船舶安全航行起着重要的作用。

（一）气缸盖

1. 气缸盖的功用

① 气缸盖与气缸套和活塞共同组成封闭的燃烧室空间。

② 提供安装各种组件，如喷油器、气缸启动阀、安全阀、示功阀、气阀组件及摇臂机构。

③ 形成冷却水腔及进、排气通道。

2. 气缸盖的结构

气缸盖是柴油机中结构最复杂的零部件。气缸盖的结构有整体式、分组式和单体式。把一排气缸的气缸盖合铸成一体称为整体式气缸盖，一般用于缸径小于 150 mm 的中小型高速柴油机上；把相邻几个气缸的气缸盖合铸成一体称为分组式气缸盖，一般用于缸径较大的中小型高速柴油机上；每个气缸单独做一个气缸盖称为单体式气缸盖，普遍应用于大功率中、低速柴油机及强化度较高的高速柴油机上。图 2-5 所示为 6 300 型柴油机气缸盖。

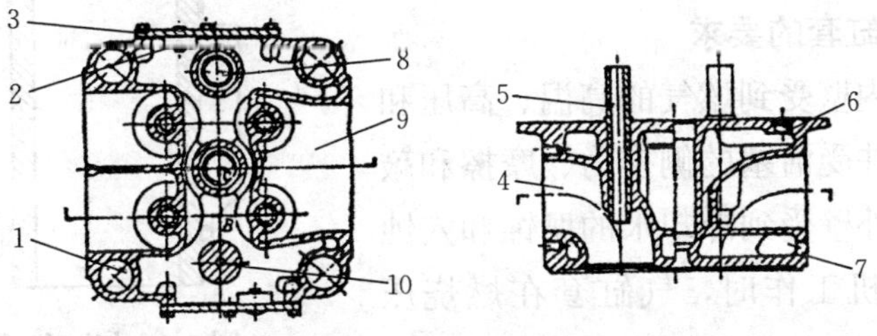

图 2-5　6300 型柴油机气缸盖

1. 气缸盖螺栓孔　2. 锌板　3. 盖板　4. 进气道　5. 气阀导管　6. 螺塞　7. 进水孔　8. 启动阀孔　9. 排气道　10. 示功阀孔

3. 对气缸盖的要求

气缸盖受燃气的高温高压作用，其冷却水腔表面还受到冷却水的腐蚀，此外还受到螺栓紧固力和缸套支承反力的作用；其结构相当复杂，金属分布严重不均；热应力与机械应力分布也不均匀；有关孔座处存在较大的应力集中现象。由于受上述各种力的综合作用，气缸盖非常容易产生裂纹。

因此，要求气缸盖具有足够的强度和刚度，冷却良好，温度均匀，构造简单，便于维修管理。

4. 气缸盖的材料

气缸盖所用材料有铸铁、铸钢和锻钢。中小型气缸盖常采用铸铁；高增压型气缸盖多采用铸钢、锻钢。

（二）气缸套

1. 气缸套的作用

① 与活塞和气缸盖组成燃烧室空间，与气缸体形成冷却水通道。

② 在筒形活塞式柴油机中，作为活塞往复运动的导向面。

③ 承受活塞侧推力。

④ 及时将部分热量传给冷却水。

⑤ 在二冲程柴油机中，气缸套上开设气口，布置气流通道。

2. 气缸套的结构

① 上端固定、下端不固定，受热时可向下自由膨胀，又称悬挂式气缸套。

② 缸套上部受燃气的高温、高压作用及气缸盖螺栓的紧固力作用。

③ 为减少缸套上部的热应力和机械应力，降低缸套上部和第一道活塞环的温度，有些柴油机把缸套凸肩做得又高又厚，并在其中采用钻孔冷却。

图 2-6 所示为气缸套示意图。

3. 对气缸套的要求

气缸套内壁受到燃气的高温、高压和腐蚀作用，并受活塞的侧推力、摩擦和敲击等作用，外壁受到冷却水的腐蚀和穴蚀作用，柴油机工作时，气缸套在燃烧压力、内外温差、气缸盖螺栓预紧和活塞侧推力的作用下产生机械应力和热应力，以及变形和震动。

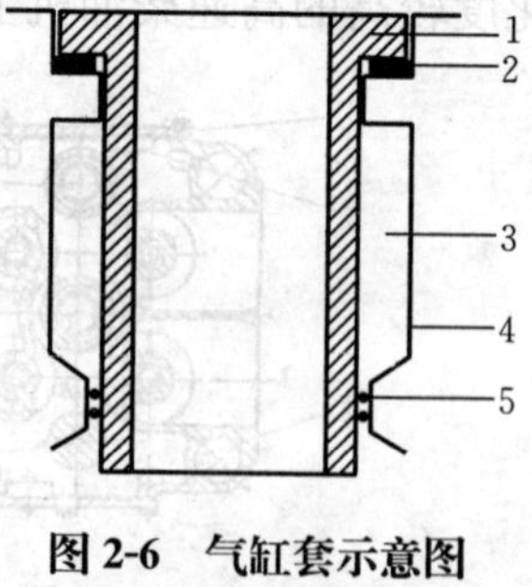

图 2-6　气缸套示意图

1. 气缸套　2. 气缸套垫床　3. 冷却水腔
4. 机体　5. 橡胶密封圈

因此，要求气缸套具有足够的强度和刚度，良好的耐磨性和抗腐蚀性，润滑冷却效果好，气封、水封可靠。

4. 气缸套的工作特点

(1) 冷却特点　冷却水由缸套低处进入高处排出，切向引入，螺旋上升导出，以确保冷却水充满冷却空间，防止冷却水带入的空气和生成的水蒸气滞留在高处形成气团，可使气缸套得到均匀的冷却。

(2) 润滑特点

①一般筒形活塞式柴油机可借飞溅到缸套内壁的滑油来润滑。

②大型二冲程机采用气缸注油润滑，在气缸套上开注油孔，接有注油嘴接头，注油孔两边开有“人”字布油槽。

(3) 密封

①气缸套顶部与气缸盖之间常用紫铜垫圈，作用是防漏气和调整压缩比。

②气缸套凸肩下平面与缸体支承面之间常用紫铜垫床，作用是密封冷却水。

③气缸套下部与机体接触面常用橡胶密封圈，作用是密封冷却水，防止漏入曲轴箱。

(三) 活塞

1. 活塞的作用

① 与气缸、气缸盖组成封闭的燃烧室空间。

② 把气体力通过活塞销传给连杆再传给曲轴。

③ 在筒形柴油机中承受侧推力，还起往复运动的导向作用。

④ 控制气口的启闭（二冲程机）。

2. 对活塞的要求和活塞的材料

活塞的工作条件比较苛刻，在工作中要受到高温、高压燃气的烧蚀和腐蚀作用，以及活塞与气缸、连杆之间的摩擦和撞击。它和气缸之间不可能建立起液体动力润滑，因此摩擦功率较大，磨损严重。在中、高速柴油机中，因活塞具有较大的往复惯性力，还会加剧柴油机的震动。

因此，要求活塞强度高、刚性大、密封可靠、散热性好、冷却效果良好、摩擦损失小、耐磨损，对中、高速机还要求重量轻。

活塞所用的材料主要有：①铸钢、铸铁——强度高、耐磨、重量大。②铝合金——导热性能好，受热均匀，重量轻，缺点是膨胀系数大。

3. 活塞的组成和结构特点

筒形柴油机的活塞总体上分为整体式和组合式两大类，中小型柴油机一般采用整体式活塞。组合式活塞将活塞头与活塞裙分开制造，其目的在于合理使用材料，一般多用于大功率柴油机。图 2-7 所示为整体式活塞，由活塞本体、活塞环和活塞销等所组成。

(1) 活塞本体　如图 2-8 所示为组合式活塞。活塞本体分为活塞头和活塞裙。活塞头 9 与活塞裙 1 用柔性螺栓 10 连接起来。浅盆形的活塞顶与气缸盖的平底面相配合，形成一定的形状空间，以适应喷油器所喷出的油束，利于油、气混合和燃烧。活塞顶部在与气阀开启相干涉的部位铣出避让坑 B。活塞头与活塞裙之间的空间为冷却腔 A、C。活塞头环带上车有压缩环槽。

图 2-7　整体式活塞结构图

1. 活塞环　2. 活塞本体
3. 活塞销　4. 卡环

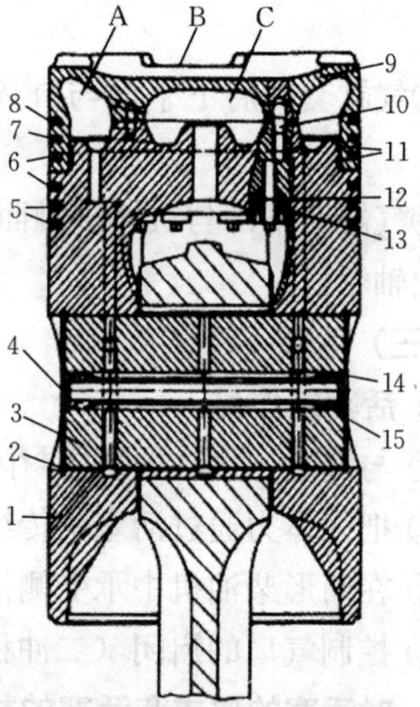

图 2-8　组合式活塞组件剖面图

1. 活塞裙　2. 卡簧　3. 活塞销　4. 衬管　5. 刮油环
6、7、8. 压缩环　9. 活塞头　10. 柔性螺栓
11、15. 密封圈　12. 垫块　13. 螺母　14. 衬套端盖
A、C. 冷却水腔　B. 避让坑

(2) 活塞环　根据活塞环所起的作用不同，活塞环有气环和刮油环两种。筒形活塞式柴油机气缸是采用飞溅润滑，甩到气缸套表面的滑油较多，因此活塞上还装有刮油环。

① 工作条件　活塞环工作条件较为恶劣，特别是第一道环直接受高温

高压燃气作用，润滑条件差，第一、二道环润滑条件最差，处于边界摩擦状态，与缸套、活塞环槽之间产生严重的摩擦和磨损；在气体力、往复惯性力、摩擦力等作用下，环在环槽内产生十分复杂的运动。其中有轴向运动和轴向振动、径向运动和径向振动、回转运动和扭曲振动等。由于缸套失圆、有锥度，环在本身的弹力作用下还产生张合交变的运动。因此要求活塞环应有良好的密封性能，且要耐磨，特别是抗熔着磨损性能要高；要足够的强度、热稳定性及适当的弹性；表面硬度稍高于缸套。

② 气环　气环的主要作用是防止气缸中的气体泄漏和将活塞上的部分热量传给气缸。密封气缸的作用尤为重要，这对冷却式活塞更是如此。气环的密封作用是依靠本身的弹性和作用在它上面及漏到环的内圆柱面的气体压力，使环紧紧贴合到气缸壁和环槽壁上，环的弹性取决于环的截面尺寸（外形尺寸、厚度和高度），尤其是径向尺寸。如图 2-9 所示，第一次密封：主要依靠环自身弹力使环外圆紧贴在缸套内表面；第二次密封：依靠气体力作用使环的平面紧紧压在环槽平面。

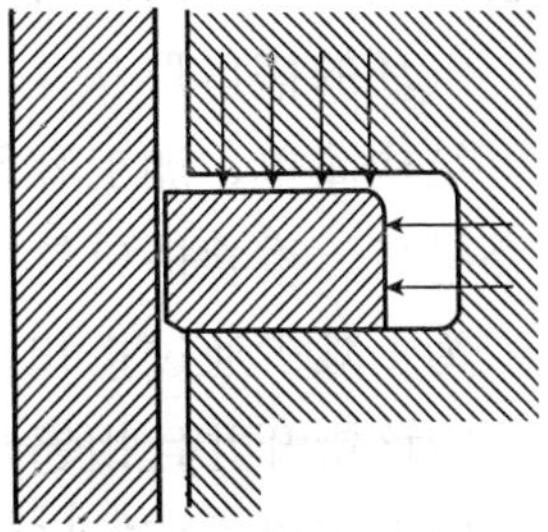

图 2-9　活塞环密封机理

由于气体压力很高，因此第一道环背上的平均压力远高于环本身的初始弹力，所以第二次密封的作用比第一次更重要，但若没有较好的第一次密封，也就谈不上第二次密封。一般为保证密封的可靠性，延长吊缸周期，活塞上的气环通常有 3～5 道。多道环还可形成一种曲径式“迷宫效应”的密封。

气环的断面形状多种多样，主要有矩形环、梯形环、倒角环、扭曲环。

矩形环制造简单，应用广泛，但使用温度小于 200 ℃，否则容易结焦卡死，密封性差（当活塞环出现摇摆时）。

梯形环因间隙可变化，促进磨合，能防止烧结，允许环槽温度较高，两锥面配合精度要求高，不易粘环，常用于第一、第二道环。

倒角环（不能作第一道环）安装时倒角朝上，切忌装反，以免引起严重的窜油。在工作初期承压面小，磨合容易，适于壁面硬度较高机型；上行易形成楔形油膜，利于润滑冷却，但位于上止点时的密封性较差；与缸套接触面小，易被气体力压入环槽，不适于第一道、第二道环，用于第二道环以下。

扭曲环由于扭曲变形在环的外圆产生拉应力，环内圆产生压应力，工作时产生扭曲、摆动，使环在环槽始终保持倾斜状态，不易结炭。安装时内倒角朝上，外倒角朝下。由于断面形状不对称产生扭曲，增加环的接触压力，密封性好，类似倒角环。

活塞环的间隙分为天地间隙、搭口间隙和背面间隙。天地间隙是活塞环端面与环槽上、下（轴向）方向的垂直间隙。此间隙作用是保证环受热膨胀余地和泵油作用。搭口间隙是活塞环安装在缸套内时环切口的垂直距离，此间隙保证环受热膨胀余地和环的弹性，此间隙决定环是否可用，测量位置在缸套内壁下部（筒形机）。背面间隙是环内圆面与环槽底圆面之间的间隙。

气环的搭口形状主要有直搭口、斜搭口和重叠搭口。直搭口密封性能差，结构简单，加工容易（高速机）。斜搭口密封性比直搭口好，硬度高于重叠搭口。重叠搭口气密性最好，但易折断（低速机）。

为了减少通过搭口的漏气，安装时活塞环搭口不要摆在上下一条直线上，应该错开并且相邻环的斜搭口方向要彼此相反。这样错开搭口也避免了在缸壁上擦出垂直的伤痕。

活塞环的材料要求弹性好、摩擦系数小、耐磨、耐高温。一般采用合金铸铁、可锻铸铁、球墨铸铁。为了提高活塞环的工作能力，常采用的结构措施和制造工艺有表面镀铬，以提高耐磨性；松孔镀铬，以提高表面贮油性加快磨合；内表面刻纹，以提高弹性；环外表面设蓄油槽沟；环外表面镀铜，以改善初期磨合性能；喷镀钼，以防止活塞环黏着磨损。

③ 刮油环　刮油环起刮油和布油作用，在筒形活塞式柴油机中，做回转运动的曲柄销轴承把润滑油甩到气缸壁上。活塞和气缸套之间就是靠这样飞溅来的油进行润滑的，因此称飞溅润滑。由于飞溅到气缸壁上的滑油过多，气环会通过泵油作用把它泵入燃烧室，这样不仅增加了润滑油的消耗量，而且还会严重地污染活塞、气缸、气阀和排气通道，因此筒形活塞要在气环下面装 1～2 道刮油环，刮下缸壁上多余的滑油，并在气缸壁工作表面布上一层润滑油膜。

气环的泵油现象是由活塞在缸壁上的刮油作用和活塞环在环槽中的挤油作用引起的，活塞环在环槽中的运动是由气体力、惯性力和摩擦力来决定的。

以四冲程机的进、排气行程来说明（图 2-10）。在进气行程中，如图 2-10 a 所示，当活塞下行时，在上半个行程中，由于摩擦力和惯性力都向上

(气体力很小)，使环向上紧压在环槽顶面上，环在运动中把缸壁上的油刮到环槽中，到下半个行程时惯性力向下而摩擦力仍向上。如惯性力大于摩擦力，则环由顶面移向底面，而把环槽下方的油挤到上方和上一道环槽中去。如果惯性力小于摩擦力，则环继续压在环槽顶面上。当活塞经过下止点回行时，环的惯性力和摩擦力向下，环仍由槽的顶面移向底面，把环槽中的油由下方挤到上方。同理，在排气行程中，气环先压在环槽的下侧，然后气环又由底面移向顶面，把环槽上方的油挤到上一道环槽中去，如图 2-10b 所示，这样，滑油就从一道环到另一道环逐渐向上移动，最后被第一道环泵入燃烧室。

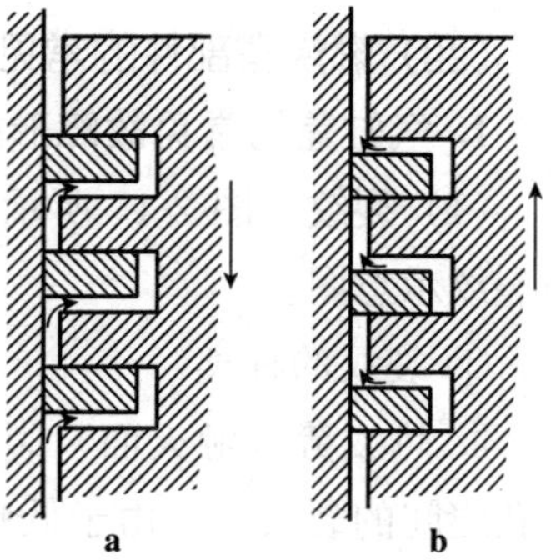

图 2-10　活塞环泵油作用

a. 活塞下行　b. 活塞上行

活塞环的泵油作用主要受环的天地间隙、环运动时与缸壁的摩擦力、燃烧室气体力及活塞运动惯性力等因素的影响。

刮油环的结构形式较多，有单刃环、双刃环和矩形环等。刮油环的特点是：环与缸壁接面积小，以增加接触压力；比压高，以提高刮油效果；天地间隙小，减小泵油作用；环本身开有泄油孔，环槽开有泄油孔。安装时刮刃尖端向下，倒角朝上。

(3) 活塞销　在筒形柴油机中，活塞本体和连杆小端是靠活塞销连接的。活塞销要传递周期变化的气体力和惯性力，还受到连杆小端和销座的摩擦和磨损。活塞销受活塞的限制，直径不大，润滑条件也较差，活塞销和其轴承是柴油机中工件条件最恶劣的摩擦副之一。因此，要求活塞销有足够的强度、刚度、耐冲击和良好的表面耐磨性能，较高的形状尺寸精度和表面粗糙度。活塞销多采用优质低碳钢和合金钢制造，精加工后表面渗碳淬火处理。

活塞销的装配方式有固定式、浮动式、半浮动式。固定式是活塞销与销座紧固，相对连杆小头滑动，单边磨损严重。浮动式是活塞销在连杆小端和销座内能自由转动，并设有卡环、挡盖和对拉螺栓进行轴向定位，这种装配方式使活塞销的相对转动速度小，磨损均匀，提高了活塞销的疲劳强度和使用寿命，此种活塞销在筒形活塞式柴油机中广泛应用。半浮动式是活塞销与连杆小头紧固，润滑困难，现已很少采用。

为了减轻重量，活塞销都做成中空的。

(四) 燃烧室部件的常见故障及管理

1. 气缸盖的常见故障形式

(1) 裂纹　图 2-11 所示为气缸盖底平面裂纹示意图。

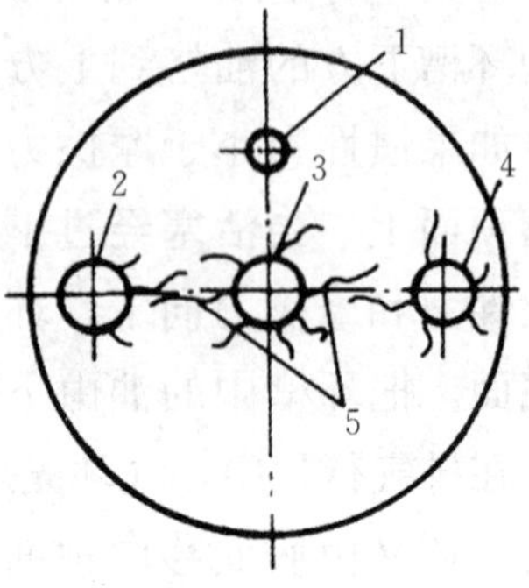

图 2-11　气缸盖底平面裂纹示意图

1. 示功阀孔　2. 安全阀孔　3. 喷油器孔　4. 启动阀孔　5. 裂纹

① 裂纹的种类

a. 热疲劳（触火面）裂纹：触火面孔与孔之间的裂纹——由于低频热应力作用，承受的高温超过材料的使用极限而产生高温蠕变，引起塑性变形。当气缸盖在冷热交替情况下工作时，受热面的收缩因塑性变形而受阻，从而产生残余拉伸应力，最终因为应力的反复交变而导致热疲劳，形成疲劳裂纹。气缸盖热疲劳产生的裂纹多数在触火面上形成和发展，并向冷却面扩展。

b. 机械疲劳（冷却水侧）裂纹：缸盖底板冷却水侧（支撑交界处）裂纹——受高频机械应力和低频热应力（均为拉应力）共同作用造成。其最大拉伸应力发生于底板的冷却水侧，因此机械疲劳引起的裂纹是从水腔侧面开始，逐渐向触火面扩展，并且仅有一条主裂纹（在最大应力处），在裂纹断面上通常有贝壳状的疲劳破坏面。

c. 腐蚀疲劳与应力腐蚀裂纹：腐蚀疲劳由交变气体力与电化学腐蚀共同作用引起。特点是有两条以上裂纹，且没有分叉。应力腐蚀因金属材料变脆而自动裂开，同时存在应力分布不均而形成裂纹，特点是裂纹有许多分叉。

② 易产生裂纹的部位　裂纹主要发生在缸盖底面（触火面）上的孔与孔之间（俗称“鼻梁区”）及孔的圆角处，即发生在应力集中处，也发生在缸盖内的薄弱环节。

③ 故障现象

开式冷却柴油机：运转时冷却水量忽大忽小；启动前冲车缸内有积水；严重时会在停车状态下从缸套与活塞间隙内漏水，引起机油油位异常升高；或因水积存在燃烧室内导致顶缸事故。

闭式冷却柴油机：运转时冷却水压力波动较大，膨胀水箱冒气泡，液面波动，水面有油渍。

④ 检查方法　利用观察法、煤油白粉法、水压试验法检查缸盖裂纹。

在冲车时观察示功阀中有无水珠冲出或吊缸时活塞顶面有无锈迹，以及运行时冷却水温是否升高，滑油中是否有水，油位是否异常升高来确定。

气缸、气缸盖冷却空间水压试验——压力不少于 0.7 MPa，5 min 无泄漏即为合格。

(2) 腐蚀　主要有高温腐蚀、冷却水腐蚀、电化学腐蚀和应力腐蚀。

(3) 贴合面处漏气　主要发生在缸盖与缸套贴合面上。主要原因有缸盖螺母紧固不均、缸盖或机体上平面变形不平直、密封衬垫失效或缸盖密封凸环损伤、柴油机负荷过重或工作粗暴。

(4) 翘曲　是指缸盖本身发生的塑性拱曲变形。主要原因有缸盖螺母紧固力矩过大、紧固力矩严重不均匀或缸盖搁置不平、拆卸缸盖螺母时顺序不正确（应是十字对角、交叉均匀上紧）、柴油机长时间超负荷、燃烧压力过大、热负荷过高导致过热变形。

2. 气缸套的常见故障形式

气缸套的故障形式主要有内表面磨损、擦伤、裂纹和拉缸；外表面腐蚀和穴蚀。

(1) 磨损　在正常情况下，缸套的磨损速度很小，当铸铁气缸套的磨损率不大于 0.1 mm/kh，或镀铬气缸套的磨损率不大于 0.01～0.03 mm/kh，且缸套内圆表面磨损较均匀，并能够保证良好的密封和润滑时，称之为正常磨损。若缸套磨损速率超过上述标准或出现较严重的不均匀磨损时，则为异常磨损。

气缸套磨损规律是：气缸套沿轴线方向呈锥形，即上部的磨损比下部大，其正常磨损最严重的部位是活塞到达上止点时第一道活塞环对应的缸套部位，往往磨成台阶。造成这一现象的主要原因是此部位温度高，油膜难以形成；活塞运动速度低，对润滑不利；存在低温腐蚀（硫腐蚀）磨损；发生不同程度的熔着磨损；活塞环硬度高于气缸套内表面。在筒形柴油机中，由于侧推力的作用，在左右方向（垂直于曲轴中心线方向）上磨损较为严重。

气缸套磨损一个非常复杂的过程，其原因既有物理方面的因素，也有化学方面的因素。根据磨损机理的不同，可分为以下三种：

①熔着磨损：一般情况下，以活塞在上止点第一道活塞环附近最为严重。其原因是由于此位置处于高温及边界润滑条件，由于气缸套、活塞、活

塞环等的材质、机械加工质量、外形尺寸和加工精度等因素在润滑不良情况下造成气缸套与活塞环的摩擦面之间金属直接接触，形成局部高温，使两者熔融粘着、脱落，逐步扩大，形成熔着磨损。

②磨料磨损：硬质颗粒进入气缸套的摩擦面和活塞的摩擦面之间形成磨料，磨料与两摩擦面产生挤压、滚撞，使金属脱落造成。

③腐蚀磨损：燃油在燃烧后的产物有二氧化硫等硫化物与水蒸气，二氧化硫进一步氧化变成三氧化硫，水蒸气在温度降到露点时与三氧化硫凝结成硫酸，造成硫酸对气缸套的严重腐蚀。由硫酸引起的腐蚀称为低温硫酸腐蚀或冷腐蚀。

(2) 穴蚀　在气缸套外表面冷却壁上出现的蜂窝状小孔群损伤现象称为穴蚀。它是由空泡腐蚀和电化学腐蚀两种因素共同作用下形成的。闭式冷却的柴油机中以空泡腐蚀为主，开式冷却的柴油机中以电化学腐蚀为主。穴蚀在筒形活塞式柴油机中比较普遍。有的柴油机尽管缸套镜面还未磨损多少，但缸套已被穴蚀击穿，导致缸套漏水。因此穴蚀直接影响着柴油机的寿命和可靠性。

筒形活塞式柴油机的气缸套受到活塞侧推力的作用，当活塞侧推力方向改变时，活塞对缸套产生撞击，引起缸套横向振动。由于缸套振动，从而在外表面附近的水域中产生交替膨胀与压缩，即在水中产生局部的高真空和高压。当水中压力降低到该温度下饱和蒸汽压力以下时，冷却水蒸发和溶于水中的空气析出而形成空泡。此外，冷却水在流动中，由于方向和流速突然变化，会引起压力的变化。当压力低于当时温度下水的饱和压力时，也会汽化产生空泡。当空泡受到高压冲击而爆破时，就在破裂区附近产生高压波，它以极短的时间作用在很小的范围内，对缸壁有强烈的破坏能力。在这种高压波的反复作用下，气缸外壁金属表面将不断剥落，形成穴蚀。由此可知，缸套振动是缸套穴蚀的重要原因。

在轮机管理中防止穴蚀的措施：①减小缸套与活塞之间装配间隙。②缸套外表面进行涂树脂等处理。③ 控制冷却水温度不能过高，保证足够的水压，防止冷却水中含有大量空气（如冷却水泵漏气），保护冷却水腔清洁。④控制柴油机的负荷与转速等。⑤冷却水处理：减少盐分、添加防腐蚀剂，防止结垢和提高冷却水的消震性能。

(3) 裂纹　气缸套裂纹多见于缸套上部凸肩处、过渡圆角处、水套加强筋处及气口附近。常见的气缸套裂纹有以下三种：

① 机械疲劳裂纹：是一条较大裂纹，截面呈贝壳状。

② 应力腐蚀裂纹：发生在缸套与机体结合处，特点是有两条以上裂纹且有分支。

③ 电化学腐蚀裂纹：缸套外表面冷却水侧，特点是有两条以上裂纹且不分叉。

3. 活塞组件的常见故障

（1）活塞的磨损　活塞的磨损包括活塞本体、活塞环、活塞销的磨损。

① 活塞本体的磨损主要发生在裙部、环槽和销座孔上。

a. 活塞外圆的磨损。主要发生在裙部。中小型筒形柴油机的裙部由于起导向作用和承受侧推力，磨损发生在裙部左右方向上，磨损后出现椭圆度。在轴线方向上出现锥度，上部磨损比下部要大。

b. 活塞环槽平面的磨损。活塞环槽磨损是指环槽上下端面的磨损。环槽中的平面磨损，增加了活塞环天地间隙，引起环槽平面不平，从而造成漏气，使得气缸内压缩压力和爆发压力下降，同时使泵油现象加重，滑油与燃油容易进入间隙形成积炭，环槽过度磨损还会使活塞环在环槽产生扭转与弯曲甚至断裂或粘住而失去弹性。

c. 活塞销座孔的磨损。活塞销在销座孔中转动，由于润滑条件较差而易发生磨损，活塞销孔的磨损规律一般是上下方向直径增大，沿销轴线方向还可能出现锥度，使销轴中心线发生倾斜。

② 活塞环的异常磨损、黏着和折断。

a. 活塞环的异常磨损。在正常情况下，活塞环的磨损量不超过 0.3～0.5 mm/kh，活塞环的径向厚度也比较均匀。如活塞环磨损后径向厚度极不均匀或活塞环外圆磨损率超标，说明发生了异常磨损。

异常磨损后会导致活塞环的搭口间隙和天地间隙都增大，最后会使活塞环失去弹性，导致活塞环窜气、功率下降和曲轴箱爆炸。

b. 活塞环的黏着。杂质进入环槽内，阻止环在槽内的正常运动，则环失去弹性，不能自由活动。也叫“卡环”。

黏着原因主要是活塞环或气缸过热，滑油过多，滑油不净，燃烧不良，结炭过多。

c. 活塞环的折断。搭口间隙过小导致环无充分膨胀余地，搭口对侧折断；环槽结炭，环下有坚硬结炭，环在交变的弯曲作用下折断；环塞环压入，外表面不能与缸套很好贴合，久之产生疲劳折断；缸套失圆、环挂气口、环槽过度磨损、环受到扭转和弯曲作用力而断环；活塞头部过度膨胀，缸套台阶撞击导致断环。

③ 活塞销的过度磨损、裂纹、破碎、折断

原因：配合间隙不符合要求，爆压过高，超负荷，滑油不足或不净，活塞连杆组件与气缸套中心线或曲轴中心线对中不良。

（2）活塞的裂纹　活塞的裂纹多出现在活塞顶面、环槽、销孔和冷却侧加强筋等处。

柴油机运转时，由于活塞各部分之间存在温度差，从而引起热应力。活塞还在高压气体作用下产生机械应力，这些应力都是周期性变化的，会在活塞顶面出现疲劳裂纹。当活塞顶面冷却不充分，过热或受热不均匀而产生温差应力及机械应力过大时，由切向机械应力产生纵向裂纹，径向热应力产生周向裂纹，会在活塞顶面形成龟裂。

其次，活塞环槽裂纹是由于环槽内应力集中和环的运动冲击所造成。冷却侧加强筋等处由于应力集中也常发生裂纹。

活塞销孔裂纹是由于机械应力过大造成的，常发生在内侧边缘，上下方向。

（3）活塞顶的烧损　活塞顶金属材料有时会逐渐被烧蚀，使活塞顶越来越薄，强度越来越差。若喷油器喷出的油束射程过大，直接喷到活塞顶面，使活塞顶局部过热，如活塞冷却不良、导热不好等，会使烧损速度加快。

4. 燃烧室部件的管理要点

为了使燃烧室部件安全可靠地工作，在管理中须注意以下几个方面。

（1）磨合　对于新安装的柴油机或大修时气缸套与活塞环换新后，在投入正常运转以前必须经过一个逐渐加负荷达到互相贴合的运转过程，这个过程称为磨合。磨合是通过磨损的方法达到的，用尽量少的时间达到使燃烧室获得良好密封是组织磨合过程所追求的目标。磨合的基本特点是逐加负荷连续运转并需定时检查。轮机人员应该严格按规定程序进行磨合。

（2）运行中的监视

① 注意监视各运行参数。与燃烧室部件工作直接有关的参数很多，主要有气缸冷却水压力及进、出口温度，活塞冷却水（油）压力及进、出口温度，排气温度等。对这些参数要严格控制在要求范围内。

② 确保良好的润滑。特别是要确保活塞组件和气缸套之间的良好润滑。供油量和滑油品质都要保证。

③ 注意倾听运转声响。柴油机运转时，在不同部位、不同负荷下所发出的声响虽然不同，但在强度、周期和音色上各有其规律性，应注意倾听和注意这些规律，从而能分清正常声响和异常声响。若出现异常声响应仔细查找原因。

（3）定期吊缸检修　为了加强对柴油机的管理，应根据说明书的规定，定期进行吊缸检查。

（五）筒形活塞式柴油机连杆组件

1. 连杆的工作条件和要求

连杆的功用是将作用在活塞上的气体力和惯性力传递给曲轴，并将活塞与曲轴连接起来，将活塞的往复运动变成曲轴的回转运动。连杆的运动复杂，连杆小端随活塞做往复运动，大端随曲柄销做回转运动。连杆杆身在小端和大端运动的合成下，绕着往复运动的活塞销摆动。

连杆的运动不但复杂，而且受力也很复杂。连杆承受周期性变化的气体力和活塞、连杆的惯体力作用，并且气体力在燃烧时具有冲击性。在二冲程柴油机中，连杆始终受压。在四冲程柴油机中，在进气、排气冲程时气体力小于惯性力，连杆受拉；膨胀、压缩冲程时气体力大于惯性力，连杆受压。连杆大、小端轴承还与曲柄销、活塞销产生摩擦和磨损。

对连杆的要求主要有：连杆应耐疲劳、抗冲击、具有足够的强度和刚度；连杆轴承工作可靠、寿命长；连杆重量轻、加工容易、拆装维护方便。

在筒形活塞式柴油机中，采用优质碳素钢、合金钢。杆身经调质处理或表面喷丸、氮化、抛光等处理，以提高抗疲劳性能。

2. 筒形活塞式柴油机连杆的构造（图 2-12）

（1）小端　装有铜套或薄壁轴瓦。连杆小端轴承是筒形四冲程柴油机工作条件最差的轴承。

（2）杆身

① 圆形：容易锻造和机械加工方便。

② 工字形：使连杆摆动平面的截面惯性矩为垂直平面的惯性矩的 4 倍，以提高抗压稳定性（筒形机），同时可以减轻重量，减少惯性对运动的影响。

（3）大端　整体式（筒形活塞），杆身与连杆轴承上座一体。

（4）大端结合面

① 平切口：刚性好，定位可靠。

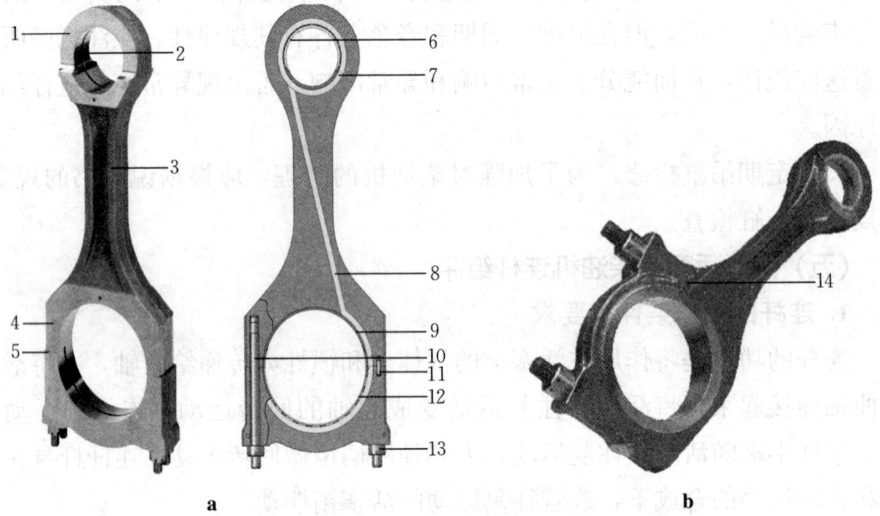

图 2-12　筒形活塞式柴油机连杆结构示意图

a. 平切口连杆　b. 斜切口连杆

1. 连杆小端　2. 环形油槽　3. 杆身　4. 连杆大端　5. 平切口　6. 衬套　7. 环形油槽　8. 油孔定位销　9、12. 轴瓦　10. 连杆螺栓　11. 圆柱销　13. 连杆螺母　14. 斜切口

② 斜切口：可增大曲柄直径而不影响吊缸，切口面角度一般为 30°～60°。采用斜切口后可使曲轴轴颈增大，刚性提高，大端轴承的承压面积增加，提高轴承工作能力，减少了连杆螺栓承受的拉伸负荷，同时便于拆装。缺点是使连杆螺栓承受剪切力，改善方法是在接合面上采用锯齿形定位结构。

3. 连杆螺栓

连杆螺栓是连接连杆大端与轴承座的重要连接螺栓。二冲程柴油机的连杆螺栓工作中只受到预紧力的作用；而四冲程柴油机的连杆螺栓除受到预紧力外，还在进气冲程前期和排气冲程后期受到惯性力的作用，使得连杆螺栓处于交变的拉伸和弯曲载荷的作用。工作条件最恶劣的时刻发生在换气上止点，柴油机转速越高，连杆螺栓受力越严重。此外，连杆螺栓还受到连杆大端变形所产生的附加弯矩作用。

连杆螺栓一旦断裂损坏，将会造成机毁的重大事故。因此，必须在结构设计、材料选用、加工工艺和装配质量及维护管理等各个方面来保证连杆螺栓的工作可靠性。一般采用如下措施：

① 结构上采用耐疲劳的柔性结构（适当增加螺杆长度，减少连杆螺栓杆部的直径以增加螺栓的柔度）；螺纹采用精加工的细牙螺纹；杆身最小直

径等于或小于螺纹最小直径；螺纹上紧后应有防松装置。

② 连杆螺栓通常采用优质合金材料。

③ 在螺纹退刀槽与杆身连接处采用大圆角过渡，以减少应力集中，并提高其抗疲劳强度。

④ 安装中必须严格按说明书规定执行。如安装预紧力的大小、预紧方法、预紧次序等均需严格按规定执行。当发现连杆螺栓有损伤、裂纹、伸长量超过规定值，都必须及时更换。

4. 连杆轴承

连杆轴承一般由轴承座、轴承盖、轴瓦和连杆螺栓所组成。

筒形活塞式柴油机连杆小端均与主杆做成一体，为圆柱形，圆孔内压入耐磨青铜衬套，活塞销装入此衬套内，在柴油机运转时，连杆即绕活塞销转动，如图 2-12 所示。

筒形活塞式柴油机连杆大端轴承上瓦除承受气体力外，还要承受曲柄连杆机构的惯性力。对中、小型柴油机连杆大端轴承普遍采用薄壁轴瓦。大功率中速柴油机多数为薄壁轴瓦。

筒形活塞式柴油机连杆大、小端轴承的润滑油，一部分滑油由来自曲轴主轴颈油孔的压力油经曲柄臂油孔到曲柄销，润滑大端轴承；另一部分滑油由曲柄销再经连杆油孔到小端，润滑小端轴承。

（六）曲轴组件

曲轴是柴油机最重要的部件，它的形状复杂，在制造上技术要求很高，一根曲轴的造价约占整台柴油机造价的 40%左右，一旦曲轴发生故障，就会直接使船舶失去动力，而且维修也很困难。因此，曲轴的使用寿命在很大程度上决定着柴油机总的使用寿命，是受气体作用力和运动部件惯性力为主的组。图 2-13 为整体式曲轴结构示意图。

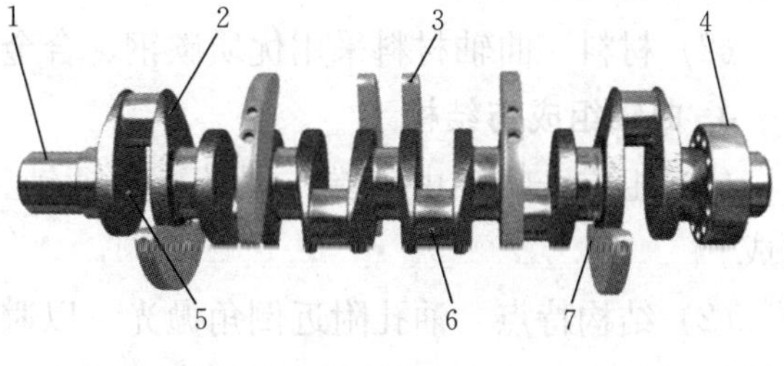

图 2-13 整体式曲轴结构示意图

1. 前端 2. 曲柄臂 3. 平衡块 4. 输出端
5. 油孔油道 6. 曲柄销 7. 主轴颈

1. 曲轴组件的作用

通过连杆将活塞的往复运动变成回转运动，把各缸所做的功汇集起来向外输出和带动柴油机的附属设备。带动柴油机中有正时要求的各部件，如喷油泵、气阀、启动空气分配器、离心式调速器。

2. 曲轴组件工作条件

(1) 受力复杂　受各缸变交的气体力、往复惯性力和离心力及它们产生的弯矩、扭矩作用。

(2) 严重应力集中　结构和形状复杂，造成曲轴内部应力分布极不均匀；曲柄臂和曲柄销的过渡圆角处是整个曲轴上受力最大、曲轴强度最薄弱、应力集中最严重的地方。其次是曲柄臂和主轴颈的过渡圆角处和润滑油孔附近。

(3) 附加应力大　曲轴是弹性体，在径向力、切向力和扭矩作用下产生扭转振动、横向振动、纵向振动。当自振频率较低时极易产生共振。

(4) 摩擦、磨损、滑油腐蚀

(5) 轴颈严重磨损　轴颈严重磨损原因有润滑不良，机座、船体变形，间隙不合适，超负荷，经常性启停柴油机。

3. 对曲轴的要求和材料

(1) 要求

① 耐疲劳强度高、工作可靠。

② 足够的强度和刚度。

③ 使轴承负荷均匀，有足够的轴颈承压面积，以保证较低的轴承比压。

④ 轴颈有良好的耐腐性能，允许多次平削与修复。

⑤ 曲轴布置要使动力均匀，主轴承负荷低，平衡性好，扭转振动小，并有利于增压系统的布置。

(2) 材料　曲轴材料采用优质碳钢、合金钢、球墨铸铁。

4. 曲轴组成与结构

(1) 组成　曲轴由前端、尾端、曲柄销、曲柄臂、主轴颈、平衡块等组成。

(2) 结构特点　油孔附近倒角抛光，以避免应力集中；曲柄臂与主轴颈连接处采用大圆角半径过渡，但是降低了主轴颈有效工作长度。

车入式圆角是较合理的过渡圆角，优点是不降低主轴颈有效工作长度。缺点是降低了曲柄臂的强度。

平衡块用以平衡离心力和离心力矩。

5. 曲轴的润滑

柴油机的曲轴通常采用压力润滑，主轴颈的润滑油由润滑系统的滑油总管供给。油孔开在压力最大部位（上、下位置）；中小型柴油机和部分大型柴油机曲柄销滑油来自主轴颈，通过曲轴中心钻有输油孔道，中小型柴油机多采用斜油孔形式，大型柴油机采用直油孔形式。

6. 曲柄排列原则

曲轴的曲柄都是以气缸号数命名的。气缸的排号有两种，一种是从自由端排起，另一种是由动力端排起。我国和大部分国家都采用自由端排起。

曲柄排列是由冲程数、增压方式、气缸的发火间隔角、发火顺序及抗扭和平衡要求等决定。曲柄排列的原则：

① 柴油机动力输出要均匀，各缸发火间隔角要相等。四冲程机的发火间隔角为 720°/i，二冲程机为 360°/i（i 为柴油机气缸数）。

② 避免相邻两个气缸连续发火，以减轻相邻两缸之间主轴承负荷，最好首、尾两端轮流发火。

③ 使柴油机有良好的平衡性。平衡往复惯性力及力矩、离心惯性力与离心力矩振动。曲柄合理排列应该使曲轴运转引起振动的力和力矩最小。

④ 注意发火顺序对轴系扭转振动的影响，力求减轻扭转振动。

⑤ 在脉冲增压机型中，为防止排气互相干扰，各缸排气管要分组连接，还要求有相应的发火顺序。

（七）曲柄连杆机构的故障与管理

1. 连杆组件的常见故障及原因

（1）轴瓦破碎和熔塌

① 轴瓦破碎原因　由于间隙太大或轴承盖没有拧紧，致使轴颈与轴瓦间产生冲击载荷；柴油机长期超负荷运转；气缸内最高爆压超过允许值；轴瓦的机械负荷过重和浇铸质量差；轴瓦变形或安装时与轴承孔贴合不良，有悬空现象；轴瓦经过多次拂刮后变薄，使承载能力下降。

② 轴瓦熔塌原因　轴颈与轴瓦之间产生干摩擦，使轴瓦温度升高；轴承间隙过小；轴颈失圆；滑油变质；油压过低；断油；超负荷；咬缸；轴承拂刮不良。

（2）连杆杆身变形（图 2-14）　主要原因是由于杆身本身有弯曲或扭曲存在，如安装维修时间隙不符、压伤或长期超负荷，咬缸、拉缸，主轴承或连杆大端轴承故障，连杆螺栓单边旋紧等。连杆杆身出现裂纹和折断主要是由于材料疲劳或机械损伤事故而产生。

（3）连杆螺栓断裂　连杆螺栓断裂的原因有：

① 预紧力过大过小，各螺栓受力不同，伸长量也不同。

② 螺纹配合过紧或太松，表面不清洁。

③ 轴承配合间隙过大，产生很大的冲击载荷。

④ 材料不合要求或有缺陷，材料疲劳、隐裂或镀层剥落。

⑤ 拆装时扭伤螺纹，杆身表面碰伤。

⑥ 咬缸拉缸、螺旋桨被障碍物缠住导致停车、连杆螺栓超过使用年限。

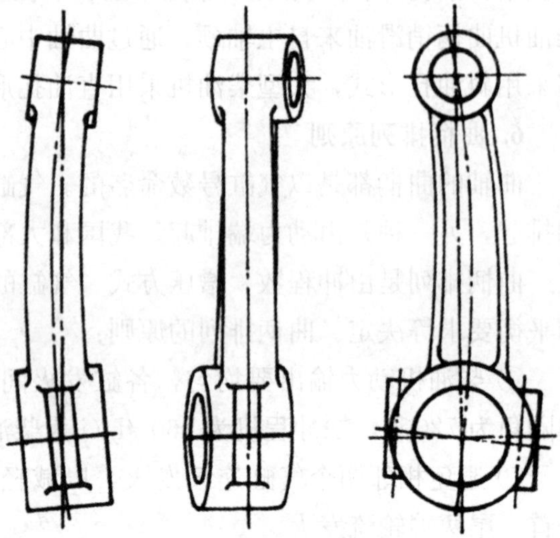

图 2-14　连杆的变形状况

a. 弯曲变形　b. 扭曲变形　c. 平面内弯曲变形

连杆螺栓断裂事故大多发生在四冲程机。根据有关统计资料，连杆螺栓断裂的部位，大多是螺杆与螺纹部分连接处。原因是由于往复惯性力的作用，使螺杆身上产生了较大的交变拉应力所引起的。

2. 曲轴的常见故障及原因

曲轴的故障有磨损、腐蚀、裂纹、折断和中心线扭曲等。

(1) 磨损　主要存在于主轴颈和曲柄销，因不均匀磨损产生椭圆形和锥形。曲柄销磨损大于主轴颈。

二冲程柴油机及大多数四冲程柴油机，曲柄销外侧（远离曲轴轴线一侧）磨损大于内侧（靠近曲轴中心线一侧）磨损。这是因为气体力的作用大于惯性力，活塞连杆以受压为主，因此曲柄销磨损主要在外侧，而主轴承则是远离曲柄销一侧磨损较大。

(2) 擦伤与腐蚀　擦伤原因主要是由于滑油不清洁、硬质杂质较多；腐蚀的原因主要是烧重油时产生的酸进入滑油中引起的。

(3) 疲劳损坏的形式和部位　疲劳损坏的形式可分为两种：弯曲疲劳损坏和扭转疲劳损坏。一般多发生于油孔部位、轴颈与曲柄臂过渡圆角处。曲柄在变负荷作用下，首先在应力集中处产生微小裂纹、扩展、断裂。疲劳断面特点是裂纹发源地在应力集中处、裂纹扩展处纹理比较光滑、断裂面晶粒明亮、具有冲击性断裂。如图 2-15 所示。

① 弯曲疲劳损坏　弯曲疲劳裂纹是由交变弯曲应力引起，发生在长期运转后。裂纹断面与轴线垂直（成 90°），裂纹线是一条波浪线。

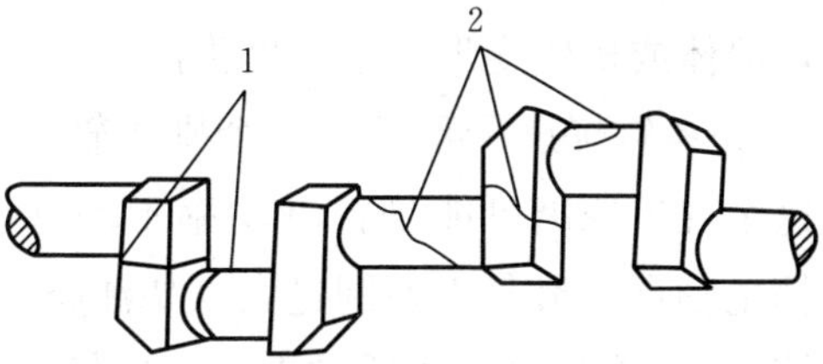

图 2-15　疲劳损坏
1. 弯曲疲劳裂纹　2. 扭转疲劳裂纹

这是因为弯曲疲劳损坏通常是由于轴颈不均匀磨损所造成的主轴承不同轴度而引起的。由于轴承的不均匀度磨损要经过一定的运转时间才会发生，所以弯曲疲劳损坏很少发生在未经长期运转的柴油机上。多发生于曲柄销与曲柄臂过渡圆角处、主轴颈与曲柄臂过渡圆角处和曲柄臂。

② 扭转疲劳损坏　扭转疲劳裂纹由交变扭转应力引起，发生在运转初期，裂纹断面与轴线成 45°角，裂纹线是一条螺旋线。

这是因为扭转疲劳裂纹发生在加工不良的油孔或圆角处，所以易发生于新机或运转初期的柴油机上。起始于圆角处的扭转疲劳裂纹，由于轴颈的抗扭截面模数比曲柄臂的弱，因此裂纹多自圆角部位向轴颈发展，较少向曲柄臂上发展。在实际运转中，弯曲疲劳损坏大于扭转疲劳损坏。

由弯曲疲劳产生的裂纹：其起始区与发展走向多是由圆角开始向曲柄臂发展。

由扭转疲劳产生的裂纹：其起始区与发展走向多是由油孔圆角开始向轴颈发展。

(4) **曲轴断裂**　曲轴断裂的原因有：

① 主轴承磨损不均，曲轴承受附加弯曲应力。

② 运转时发生强力扭振（临界转速或减振器失常）。

③ 结构加工缺陷、材料缺陷。

④ 设计、加工质量差，圆角过渡不够和表面粗糙度较高。

⑤ 滑油变质、酸性和水分腐蚀，抗疲劳强度下降。

⑥ 间隙过大受冲击严重、轴线失中，操作管理不当。

⑦ 长期超负荷。

(5) **中心线扭曲**　引起曲轴中心线扭曲的主要原因有：

① 曲轴安装不准确，各道主轴承下瓦的最低点不在同一条直线上。装

配或加工精度不合要求，各主轴颈直径因磨损程度或加工精度差异而大小不一，船体或机座变形，平直度失准。

② 各缸爆压严重不均，个别主轴承过度磨损，曲轴局部下沉引起。造成这个现象原因可能是各缸功率不均（如各缸喷油量和爆压严重不均匀）；各档主轴承润滑条件差别过大（如油路部分堵塞，各轴瓦上油槽开得不均或脏堵），造成个轴承磨耗过大；个别轴承过热（间隙过小或滑油不净、油压不足），轴瓦上减磨合金熔蚀；各挡轴承合金成分不同，材料及加工工艺质量差别过大，造成耐磨性不同。

3. 曲柄连杆机构的管理

为了避免发生故障，在管理中应注意以下几点：

① 轴承换新后要经过必要的磨合方可投入正常运转。

② 定期进行曲轴箱的检查。检查各种轴承间隙，中、高速柴油机可用拨动连杆在轴向的移动情况进行经验判断。检查各种螺栓的坚固情况，固紧装置有无松动脱落，螺母有无松动。在滑油泵开动时根据轴承间隙中的油流情况判断轴承工作状态。

③ 要特别注意轴承的润滑，确保滑油的油压、油温、油量正常，定期化验滑油。

④ 在检修时仔细观察轴承和轴颈的表面状况和进行必要的测量，检查是否有偏磨、表面是否变粗糙等。

⑤ 柴油机运行中要注意触摸曲轴箱的温度情况和倾听运转声音，温度升高和声响异常往往是事故前兆。

（八）主轴承与推力轴承

1. 主轴承

（1）主轴承的工作条件和要求　主轴承的作用是支承曲轴，保证曲轴工作轴线方向的准确性和一致性，并使曲轴在转动中以较小摩擦磨损传递动力，最后一道主轴承起曲轴轴向定位（止推）作用，防止因船舶振动、倾斜、摇摆时产生的轴向窜动。

主轴承的工作条件比较恶劣。主轴承承受曲轴传来的气体力和惯性力的共同作用，具有很大的轴承负荷。主轴颈转动对主轴承产生摩擦磨损。滑油氧化变质还会使轴承遭到腐蚀。主轴承刚性不足，会引起曲轴弯曲、轴承与轴颈产生不均匀磨损和过度磨损。

对主轴承的要求是正确而固定的位置，有足够的刚度，有较高的承载能力和疲劳强度。在工作温度下有足够的热强度和热硬度，有较好的抗腐蚀能力，有减磨性和耐磨性，能均匀分布滑油和散发摩擦热量。另外还要求维护管理方便。

主轴承轴承盖与轴承的材料通常为钢或铸铁，轴瓦为钢背加减磨合金。

(2) 主轴承的结构　柴油机中的轴承有滚动轴承和滑动轴承两种。船用柴油机主要采用滑动轴承。滑动式主轴承由轴承座、轴承盖、轴瓦及将它们连在一起的螺栓等组成。分为正置式和倒置式两类。如图 2-16 所示。

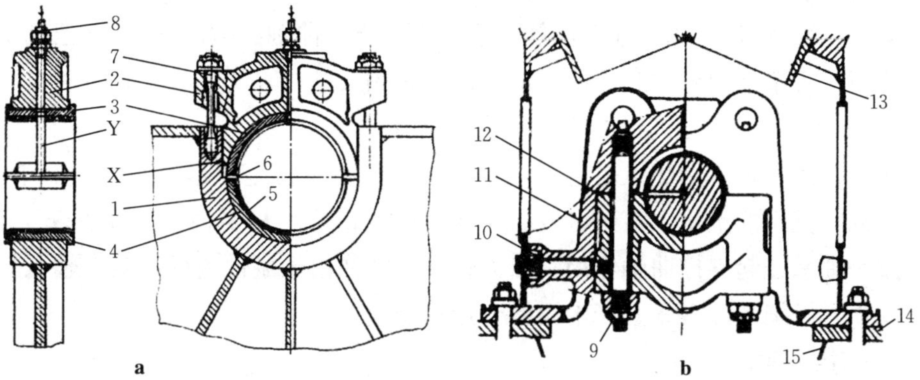

图 2-16　主轴承的结构

a. 正置式主轴承　b. 倒置式主轴承

1. 轴承座　2. 轴承盖　3. 上轴瓦　4. 下轴瓦　5. 减磨合金机座　6. 垫片　7. 螺栓　8. 滑油管　9. 倒挂螺栓　10. 横向螺栓　11. 机架　12. 轴承盖　13. 气缸盖　14. 机座　15. 油底壳

① 正置式主轴承。如图 2-16a 所示为正置式主轴承的一种结构，轴承座 1 设在机座横隔板上，与机座成一整体，轴承盖 2 正置于机座横隔壁的轴承座上方，用两个（或四个）螺栓 7 紧固在机座上，轴承盖两侧与机座（机身）内侧配合面 X 均需精加工，以便于安装定位。另外运转时，还可将轴承受到的侧推力传给机座，使螺栓 7 免受剪切应力的作用。在轴承盖和轴承座的里面装有上轴瓦 3 和下轴瓦 4。有些大型柴油机，为便于拆装吊运，采用双轴承盖形式，即将主轴承盖分制成两薄片。

上述形式的主轴承，都是用轴瓦两侧的螺栓来固紧的，因主轴颈尺寸的影响，两侧轴承螺栓之间的距离较大，故柴油机的横向尺寸也较大，轴承盖中部所受的弯矩也大，容易变形和开裂，特别是在用贯穿螺栓连接方式的柴油机中，若轴承螺栓的间距大，相应的贯穿螺栓的间距也大，增加了机座横隔壁所受的弯矩，因此在某些大中型柴油机中采用撑杆式主轴承。

采用撑杆式主轴承的优点是减少了主机的横向尺寸、减少了主轴承盖所受弯矩与变形、降低了机座横梁弯曲应力与变形。

要注意的是撑杆螺栓的上紧工作应在所有贯穿螺栓按规定全部上紧之后才能进行，并在贯穿螺栓拆卸之前进行拆卸。

显然，正置式主轴承刚度大，机座横梁的弯曲和变形小。

② 倒置式主轴承。倒置式主轴承主要用于小型高速柴油机和大功率中速柴油机中。图 2-16b 所示为倒置式主轴承的结构。轴承布置在机架 11 的横梁上，轴承盖 12 用螺栓 9 倒挂在机架上以支撑曲轴。横向螺栓 10 把轴承盖侧面与机架坚固到一起，使下部类似于封闭式结构，提高了主轴承和机架的刚性，避免工作时机架下部产生塌腰变形。

倒置式主轴承的优点是拆装曲轴方便；可减少机座变形对轴线的影响；可以减轻机座的重量，甚至可以不需要单独的机座，只要很轻的油底壳 15。缺点是轴承盖起支撑曲轴作用，受力较大，往往由于刚性差而使盖上轴瓦易于磨损，机架下部有张开产生塌腰变形的倾向。

2. 推力轴承

(1) 推力轴承的作用和组成

推力轴承的作用是传递螺旋桨的推力（或拉力）；当推力轴与曲轴连接起来时，推力轴承还为轴系（曲轴）起轴向定位作用。

推力轴承的组成如图 2-17 所示，由正倒车推力块 3、4（各 6 块），调节圈 2、5 及推力块压板 6、7 等组成。

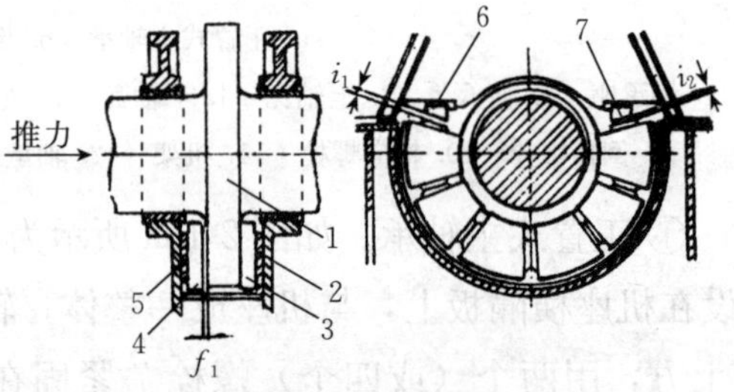

图 2-17　推力轴承

1. 推力环　2、5. 调节圈　3、4. 推力块　6、7. 压板

f_1. 推力块与推力环间隙　i_1、i_2. 压板间隙

(2) 推力轴承调整（图 2-17）

① 压板间隙的测量与调整。当推力块互相靠紧时在压板 6、7 处应具有一定的间隙，i_1 和 i_2，间隙 i_1、i_2 之和应符合说明书规定。此间隙数值可保证推力块绕支持刃摆动的灵活性。其数值的调整方法可通过增减压板处垫片来进行调节。

② 推力块与推力环间隙 f_1 的测量与调整。当用力把推力环压紧在正车推力块上时，用量规在倒车推力块与推力环之间测量间隙 f_1 的值。也

可以在推力环自由状态下测量正、倒车推力块与推力环之间的间隙，然后相加得出。此间隙应符合说明书要求，此间隙主要保证楔形油膜可靠形成。

调整方法：调节调节圈，应急时可在调节圈后加垫片调节。

③ 安装推力块时，调节圈调节要求。当推力环与正、侧车推力块之间各为 1/2 装配间隙时，靠近推力轴承的那个曲柄中心线应向推力轴承方向偏移一个规定数值，以补偿曲轴往自由端的热膨胀。

（九）轴承的常见故障及轴承测量

1. 轴承的常见故障

（1）过度磨损

① 拉毛与划伤：特征是轴瓦工作表面出现沿旋转方向的沟槽和划痕。原因是滑油中混入了硬质颗粒或装配时清洁工作不良。

② 磨料或熔着磨损：特征是在轴瓦主要承载区出现沿旋转方向的大面积细微擦痕或发亮的磨痕。原因是滑油中含有细小的杂质，柴油机长时间过载或经常启动、停车，使油膜厚度太薄，从而产生混合摩擦或熔着磨损。

③ 偏磨：特征是在轴瓦的中部，一侧或两侧边缘出现磨损痕迹。原因是由于轴颈或轴承孔的圆柱度、同轴度不高或发生变形，使局部负荷集中而导致混合摩擦。

④ 咬粘烧熔：特征是合金层熔化并沿圆周方向被拖动。原因是轴承过载、润滑不良或断油、轴承间隙过小、瓦背与轴承座贴合不好、散热不良，从而使轴承严重发热、合金层软化或熔化。

（2）轴承合金的裂纹和剥落

① 轴瓦表面出现细致的裂纹和片状剥落

a. 周期性交变负荷作用产生裂纹，渗入裂纹中油压产生油楔作用，由纵深横向扩展，导致合金剥落，产生机械疲劳。

b. 合金材料的抗疲劳强度。

c. 轴瓦浇注质量和合金层厚度。

d. 轴承间隙、负荷、转速影响。

②轴瓦表面出现针状大面积麻点或滴状、条状剥落

a. 滑油变质或混入不完全燃烧产物，会导致轴承合金的化学腐蚀。

b. 由于轴颈做剧烈的向心运动或油压剧烈地波动产生瞬时的低压，形成气泡导致气蚀。

(3) **腐蚀和穴蚀** 滑油中含有机酸和强酸（烧重油时）产生化学腐蚀和电化学腐蚀。在铜基和铅基轴承容易发生，优质锡基不受有机酸影响。

在动力润滑油槽油孔处和最小油膜厚度点之后，产生油膜压力突降，油中空气汽化和冲击性负荷，造成气泡爆裂，即空泡效应，产生穴蚀麻点。

2. 简便常用的轴承间隙测量、调整方法

(1) 轴承间隙测量

① 塞尺法：其间隙应为塞尺厚度再加上 0.05 mm 修正值（间隙处为圆弧形，而塞尺为平直形，有误差）。

② 压铅法：铅丝直径为 1.5～2.0 倍设计间隙，沿径向放两根铅丝，包络 120°～150°，每根铅丝测三点，为此位置间隙（图 2-18）。

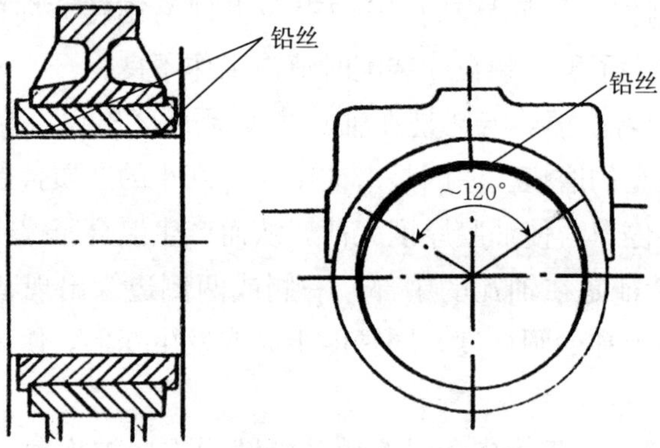

图 2-18 压铅法测量主轴承间隙

(2) 轴承间隙调整 上、下瓦结合面垫片，垫片为黄铜皮，垫片厚度应为 0.05 mm 的整数倍，便于间隙调整。注意，此方法仅适于厚壁轴瓦。对于薄壁轴瓦，一般不予调整，直接更换新瓦，或重浇轴瓦合金层。

第三节 燃油的喷射与燃烧

柴油机的燃烧过程是柴油机工作的核心，燃油燃烧是否充分直接影响柴油机的动力性、经济性、可靠性、寿命和排放等一系列的指标。对燃烧的要求是及时、完全、平稳。液体的燃油是不能直接燃烧的，只有当燃油蒸发成油气，并与空气混合成可燃混合气后才能燃烧。因此，燃油必须在气缸内转化为可燃混合气体。其方法主要是燃油雾化（高速机采用）和空气扰动（低速机采用）。喷入气缸的燃油必须经过雾化、加热、蒸发、扩散，与空气混合成可燃混合气后才能发火、燃烧。

燃油系统通常由三大环节组成：燃油的注入、储存和驳运；燃油净化处理；燃油的使用和测量。燃油系统包括供应和喷射两个系统：供应系统一般由油柜、燃油分离器（分水和分杂）、日用油柜、输油泵、燃油滤清器、低压管路和油量计组成，用来对喷射系统提供充足清洁的燃油；喷射系统由喷油泵、喷油器、高压油管和回油管等组成。按照燃油燃烧的要求，定规、定时、定量、定压地向气缸内喷入燃油，并使雾化良好，与空气形成均匀的可燃混合气，从而使燃油燃烧，将燃油的化学能转换为机械能。

一、燃油的性能指标分类

（1）影响燃油燃烧性能的主要指标　十六烷值、黏度等。

（2）影响燃烧产物构成的主要指标　硫分、钒和钠的含量等。

（3）影响燃油管理工作的主要指标　闪点、凝点、水分、机械杂质等。

① 十六烷值。表示自燃性能的指标。十六烷值越高，其自燃性能越好，但应适当。十六烷值过低，会使燃烧过程粗暴，甚至在启动或低速运转时难以发火；十六烷值过高，易产生高温分解而生成游离碳，致使柴油机的排气冒黑烟。通常高速柴油机使用的燃油十六烷值为40～60，中速柴油机为35～50，低速机十六烷值应不低于25。

② 黏度。黏度表示燃油流动时分子间阻力的大小。燃油的黏度通常以运动黏度表示。燃油的黏度对于燃油的输送、过滤、雾化和燃烧有很大影响。黏度过高，不但输送困难，而且不利燃油雾化，使燃烧不良；黏度过低，则会造成喷油泵柱塞偶件、喷油器针阀偶件润滑不良而加快磨损。压力和温度对燃油的黏度影响很大。压力增加，黏度增加；温度增加，黏度下降。

③ 硫分。硫在燃油中以硫化物的形式存在，液态下对燃油系统的部件有腐蚀作用；燃烧产物中的 SO_2 和 SO_3，在高温下呈气态，直接与金属作用发生气体腐蚀；SO_3 和水蒸气在缸壁温度低于它们的露点时会生成硫酸附在缸壁表面，产生“低温腐蚀”。

④ 钒和钠含量。燃油中所含钒和钠等金属，当缸壁和排气阀表面温度过高时，形成“高温腐蚀”。因此为避免高温腐蚀应将排气阀表面温度控制在550 ℃以下。

⑤ 机械杂质和水分。机械杂质可使喷油器的喷孔堵塞，致使供油中断，

加剧油泵的磨损。水分会降低燃油发热值。

⑥ 闪点。闪点有开口和闭口两种。开口闪点要比闭口闪点高 20～30 ℃。船用柴油机燃油的闪点一般为 60～65 ℃。

⑦ 凝点。表示燃油冷却到失去流动性时的最高温度。

二、过量空气系数及其对燃烧过程的影响

柴油机的燃烧过程是柴油机的工作核心。燃烧质量好坏直接影响柴油机的动力性、经济性、可靠性、寿命等，对燃烧的要求是及时、完全、平稳。

组织一个完善的燃烧过程必须从以下三方面考虑：①燃油——由喷油设备在高压下喷入气缸、雾化、加热、蒸发、扩散。②空气——由换气过程予以保证，以便与柴油形成可燃混合气。③温度——由活塞的压缩作用予以保证。

理论上，1 kg 燃油完全燃烧所需要的理论空气量是 14.3 kg。

实际上，由于燃油在燃烧室中分布不均匀及燃烧时间短暂，所以必须供给比理论空气量大得多的空气量，才能保证完全燃烧。

过量空气系数（R）＝气缸实际进气量/理论空气量，一般过量空气系数 R＞1。

对某些柴油机而言：R 值小，气缸工作过程强化程度高，单位气缸工作容积做功能力大，但气缸热负荷大，排气温度高，经济性下降。

① 高速机 R 值低于低速机——原因：高速机允许强载，相对散热面积大。

② 增压机 R 值高于非增压机——原因：为了减少增压机热负荷。

③ 四冲程机 R 值低于二冲程机——原因：四冲程机热负荷低。

④ 增压低速机——具有最大的 R 值，为 2.0～2.3。

⑤ 油束内部——过量空气系数约为零；燃烧室四周的贫油区——过量空气系数趋向无穷大。

为保证燃油的充分完全地燃烧，提高柴油机的经济性和可靠性，就必须要保证足够的过量空气系数。对于日常的柴油机管理工作，要做到随时保证机舱里有足够的新鲜空气并保持充分的空气流通，勤做日常性的清洁保养工作，防止燃油、滑油的跑冒漏滴现象，减少机舱内空气中油雾，最好在机舱内设置两台通风机以利通风换气。对柴油机本身而言，平时要注意对增压器滤器、中冷器、进气管、和排气管的清洁；对气阀间隙、气阀定时、喷油定

时、喷油压力的调整。上述保养工作最好每月进行一次。从某个角度来说，只要保证柴油机有足够的空气供应，燃烧质量就有了初步的保证。

三、喷射过程

（一）喷射过程各阶段的特点及影响因素

按喷射过程的特征可将其分为喷射延迟、主要喷射及滴漏三个阶段。

（1）喷射延迟阶段　从喷油泵供油始点到喷油始点为止的第Ⅰ阶段为喷射延迟阶段。喷油泵供油始点，喷油器并未抬起喷油，直到喷油器内压力升高到启阀压力时，燃油才喷入气缸。因此喷油提前角小于供油提前角。

喷油提前角：喷油器开始喷油瞬时曲轴与上止点之间的夹角，对柴油机燃烧过程有直接影响。

供油提前角：喷油泵开始供油瞬时曲轴与上止点之间的夹角，能进行检查和调整。

造成喷射延迟的原因：①燃油的可压缩性；②高压油管的弹性；③高压系统的节流。

（2）主要喷射阶段　从喷油始点到供油终点的第Ⅱ阶段为主要喷射阶段。本阶段内喷油压力持续升高，燃油是在不断升高的高压下喷入气缸，本阶段的长短主要取决于柴油机负荷，负荷越大，本阶段越长。

（3）滴漏阶段　从供油终点到喷油终点的第Ⅲ阶段为滴漏阶段。在这阶段中，喷油器中的压力从最高喷油压力一直下降到针阀落座压力。燃油是在不断下降的压力作用下喷入气缸，使燃油雾化不良，甚至产生滴漏现象。

（二）异常喷射的原因及处理

正常喷射是一个工作循环，针阀只启闭一次，针阀升，曲线呈梯形，高压油管中剩余压力基本相同。与此相反或相异的喷射均为异常喷射。

（1）重复喷射（二次喷射）　当喷油泵供油结束，喷油器针阀落座后又重新被油压抬起的喷射现象称为重复喷射，又叫二次喷射。

产生重复喷射的具体外因是喷油器喷孔部分堵塞、出油阀减压作用被削弱（如减压环带磨损）、换用了内径和长度较大或刚性较小的高压油管、喷油器启阀压力较低等。

消除重复喷射的办法可针对上述具体外因采取提高喷油器针阀开启压力、加大出油阀的卸载作用等措施。

（2）断续喷射　在喷油泵的一次供油期间，喷油器针阀断续启闭的喷射过程。其原因主要是喷油泵的供油量小于喷油器喷油量和充填针阀上升空间所需油量之和的缘故。当喷油器选用不当和柴油机低速低负荷运转及空车情转时，容易产生断续喷射。断续喷射对柴油机的燃烧过程无明显影响，只是增加了针阀偶件的磨损。

消除断续喷射的措施是使喷油泵的最小供油率不低于发生断续喷射的临界供油率，并尽可能减少燃油高压系统的压缩容积，而不采取降低针阀启阀压力的方法。

(3) **不稳定喷射和隔次喷射** 是指喷油泵持续工作，但各循环的喷油量不均的情况。其极端情况是隔次喷射，即喷油泵每供两次油，喷油器才喷一次油。消除不稳定喷射的措施与消除断续喷射的措施相同。

(4) **滴漏** 此滴油现象不是由于喷油器针阀偶件密封不良而引起的滴漏，而是在针阀偶件密封正常情况下，在喷油终了后仍有燃油自喷孔流出。此种滴漏，由于流出速度和压力均很低，燃油不雾化，形成滴油。

滴漏发生的原因在于因针阀座下部至喷孔间容积过大，以及由于出油阀减压卸载能力不强，使高压油管中的油压下降缓慢，造成针阀不能迅速落座。因而增强出油阀减压卸载能力或提高针阀落座速度（如增加针阀弹簧预紧力等）均可防止滴油现象。

（三）燃油喷射质量

燃油的喷射质量可用燃油的雾化质量和喷油规律来评估。雾化质量说明了油粒细微、均匀的程度和油束在燃烧室中的分布情况；喷油规律说明了细微油粒在喷油期间的数量分布情况。

1. 燃油的雾化及影响因素

(1) **燃油的雾化** 燃油在很大的压差下喷入气缸，由于燃油调整流经喷孔时的紊流扰动作用及缸内压缩空气的阻力作用，使喷出的油流分裂成由油粒组成的角锥形油束。这些油粒在燃烧室中进一步分散和细化形成细微的油滴。这一过程称为燃油的雾化。雾化可加速燃油的吸热和汽化的过程，创造了发火和燃烧的必要条件。

油束的形状如图 2-19 所示。判断油束质量的参数是油束的锥角 β、射程 L 及雾化细度与均匀度。

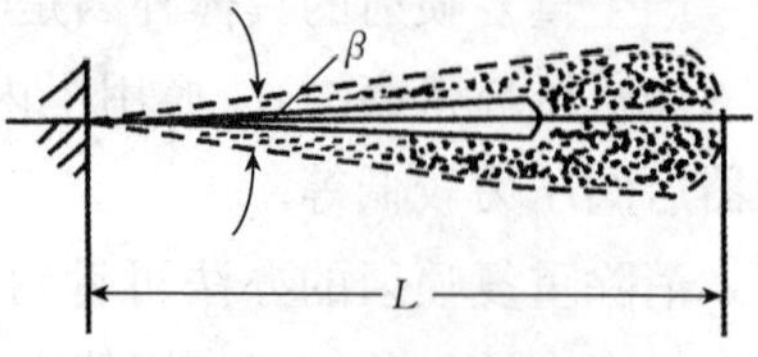

图 2-19 油束的形状

锥角 β 表征油束的扩散程度。β 大，则油粒细、分布散，有利于与空气混合。

但 β 过大将使射程 L 减小。

射程 L 表示油束的贯穿距离。L 过短，油束不能布满燃烧室全部空间；L 过长，部分燃油可能喷到燃烧室壁面，使燃烧不完全，并形成积炭。

雾化细度可用喷注中油粒平均直径 d 来表示，d 越小，喷雾越细。

雾化均匀度表示油粒直径的变化范围，通常用各种直径油粒的百分数来表示。

(2) 影响雾化的主要因素

① 喷油压力。喷油压力增大，油束的锥角 β 和射程 L 均增大，雾化细度和均匀度提高，即雾化质量提高，但喷油设备的负荷相应增大。

② 喷孔直径。喷孔直径增大，油束长度增加而锥角减小，雾化细度下降；喷孔直径减小，锥角增大而射程减小，雾化细度提高。柴油机在运转中，喷孔直径可能因磨损而增大或因部分堵塞而减小，此时均破坏了油束与燃烧室的配合，不利于燃油与空气混合。

③ 燃油品质。燃油黏度与密度增加时，由于流动性较差，分裂较困难，因而使雾化质量显著下降。为保证雾化良好，对燃油的黏度有较严格的要求。

④ 喷射背压。喷射背压即气缸内压缩终点的空气压力。背压越高，空气密度越大，油束所受阻力越大，雾化质量提高，油束锥角增大，但射程却减小了。

2. 喷油规律及影响因素

喷油规律与燃油喷射系统的构造和柴油机的运转工况等很多因素有关。其中主要包括：

(1) **凸轮外形和有效工作段** 外形越陡，油压上升越快，喷油延迟角与喷油持续角越小。

(2) **柱塞直径和喷孔直径** 柱塞直径越大，供油速度增大，喷油延迟角与喷油持续角均减小。喷孔直径越小，喷油持续角加大，喷油率减小，容易引起异常喷射。

(3) **高压油管尺寸** 油管越长，喷油延迟角越大而喷油持续角不变。油管内径越小，喷油延迟角越大。

(4) **柴油机负荷与转速** 柴油机转速和喷油定时不变而负荷增加时，喷油始点基本不变而终点改变。柴油机负荷和喷油定时不变而改变转速时，随着转速的增加，喷油延迟角与喷油持续角加大。

（四）最低（工作）稳定转速

在多缸柴油机中，各缸喷油泵柱塞偶件、喷油器针阀偶件和喷孔孔径间由于加工精度的差别和磨损不均匀，以及油泵调节杆系安装间隙不同，使得船舶主柴油机在低速（低负荷）运转时各缸的供油量显著不均。严重时可能个别缸不发火，转速不稳，甚至自动停车。因而船用柴油机都有一个各缸能够连续均匀发火的最低转速，称为最低（工作）稳定转速。按我国有关规定，船用低速柴油机的最低稳定转速应不高于标定转速的30%，中速柴油机的最低稳定转速应不高于标定转速的40%，高速柴油机的最低稳定转速应不高于标定转速的45%。

四、可燃混合气的形成

可燃混合气是指由气态燃油与空气组成的一种混合气，其组成和状态应保证它易于在气缸内发火和燃烧。柴油机的工作原理决定了必须采用内部混合法形成可燃混合气，即从燃油的喷射、雾化到与空气形成可燃混合气均发生在气缸内部。

1. 柴油机采用内混合法

主要包括空间雾化混合法和油膜蒸发混合法。

（1）空间雾化混合法　喷射的燃油必须与燃烧室的形状相适应，不允许直接喷射到燃烧室壁面上。空间雾化混合法主要有油雾法和涡动法两种形式。

① 油雾法：主要依靠雾化质量，船用柴油机采用高压多孔，对喷射设备的工作状态十分敏感。

② 涡动法：主要依靠空气涡动，小型高速柴油机采用，对喷射设备的工作状态依赖性较小。

（2）油膜蒸发法　适用于半开式燃烧室的小型高速柴油机，对空气的涡动要求较高。油膜蒸发法可以允许燃油喷射到燃烧室零件表面，靠燃烧室的温度蒸发形成可燃混合气。

2. 可燃混合气形成特点

（1）采用油雾法形成空间混合

（2）一般不组织空气涡动

（3）喷注形状应与燃烧室形状相配合

3. 影响混合气形成的因素

（1）燃油的喷射质量　良好的雾化质量是形成可燃混合气的重要条件。

雾化质量取决于喷射质量。

(2) 燃烧室空气涡动情况　空气涡动是由进气涡流和挤气旋流（压缩涡流：主要依靠活塞顶面的形状来形成）所产生的，气缸中空气涡动的强弱主要取决于柴油机进气系统的结构。但当气口、气阀沾污，气缸漏气和燃烧室部件严重结炭时，空气涡动质量下降，不利于混合气的形成。

(3) 压缩终点的缸内状态　既影响燃油的雾化质量，也影响可燃混合气的形成。如压缩比变小、气缸漏气、气阀烧损、增压空气压力降低、中冷器冷却效果下降、配气定时不准及气缸冷却效果变化时，都能降低缸内压力与温度而影响混合气的形成。

(4) 燃烧室形式　形式不同，形成涡动强弱和涡动方式也不同。对于分隔式燃烧室，空气涡流是形成可燃混合气的关键因素。对于开式燃烧室，雾化质量直接影响混合气的形成质量。对于半开式燃烧室，混合气质量对雾化质量要求略有降低，但对空气涡动的要求明显增强。

4. 提高混合气形成质量的管理措施

(1) 保证良好的换气质量

(2) 保证良好的气缸热状态

(3) 保证良好的喷油质量

(4) 保证良好的燃烧室条件

五、喷油设备

(一) 喷油设备的组成和要求

直接喷射式喷油设备主要由喷油泵、高压油管和喷油器三者组成。

对喷油设备的要求：准确的喷油定时、适当的喷油规律、良好的雾化质量、精确的循环喷油量调节。

上述要求也可以理解为“四个定”：

定时喷射——要求喷射设备具有准确的喷油提前角，并能根据使用要求予以调整。

定量喷射——根据负荷的变化调节喷油量，保证各缸喷油量均匀。

定质喷射——足够的喷油压力，保证喷注质量、喷注形状和分布正确的供油规律。

定规喷射——保证各气缸之间规定的喷油规律。

除上述以外，喷油设备还应满足工作稳定、可靠、无泄漏（喷油系统液压试验压力为工作压力的1.5倍）、能驱气、能应急停油等一些便于管理的要求。

（二）喷油泵

喷油泵为柱塞泵，它是喷射系统的核心部件。柱塞式喷油泵的基本组成部分有柱塞与套筒、凸轮与滚轮、进油阀与出油阀及调节机构等。根据调节机构的特点可分为回油孔式喷油泵与回油阀式喷油泵。渔船上普遍使用回油孔式喷油泵。

1. 回油孔式喷油泵的结构和工作原理

（1）结构特点　图2-20a为回油孔式喷油泵的结构图，其主要零件是油泵柱塞2与套筒3（两者称柱塞偶件）、出油阀8与出油阀座4（两者称出油阀偶件）、调节齿套10和调节齿条17、导筒12与油泵本体5。其中柱塞偶件是关键部件，见图2-20b，柱塞23的上部开有直槽21和斜槽（螺旋槽）22，套筒19上有进、回油孔20。柱塞下部有凸耳24与调节齿套下部的切槽滑配。图2-20a中齿套上部的齿圈与齿条啮合，拉动齿条可转动柱塞。柱塞下端通过弹簧盘13与油泵弹簧11一起装入导筒12中，使柱塞与导筒可以

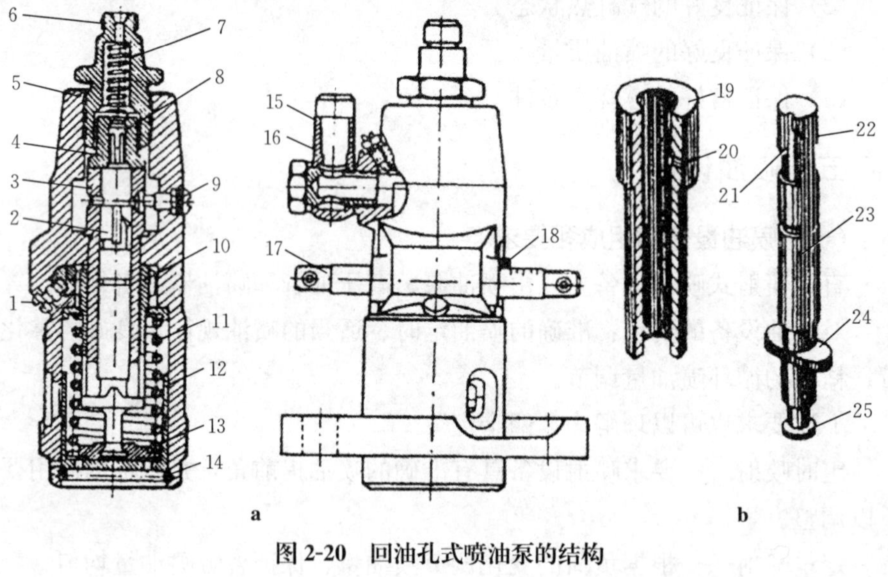

图2-20　回油孔式喷油泵的结构

a. 结构图　b. 柱塞偶件

1. 销钉　2. 柱塞　3. 套筒　4. 出油阀座　5. 油泵本体　6. 出油管接头　7. 出油阀弹簧　8. 出油阀　9. 定位钉　10. 调节齿套　11. 弹簧　12. 导筒　13. 弹簧下座　14. 卡簧　15. 放气螺钉　16. 进油管接头　17. 调节齿条　18. 指示片　19. 套筒　20. 油孔　21. 直槽　22. 螺旋槽　23. 柱塞　24. 凸耳　25. 小头

同步滑动。导筒由燃油凸轮通过滚轮、顶头和顶头螺钉（图中未示出）顶动上下滑动。

(2) 基本工作原理　如图 2-21 所示。喷油泵的工作是在柱塞往复运动中完成的，当柱塞下行时，柱塞上平面开启进、回油孔，上部空间增大，燃油在进油压力的作用下经进、回油孔进入套筒内腔（图 2-21a）。当柱塞上行时，部分燃油回流（图 2-21b）。当柱塞上行至柱塞顶部平面封闭进、回油孔时，柱塞上部的燃油受到压缩，这是喷油泵的几何供油始点（图 2-21c）。当套筒内腔的压力因柱塞上行压缩而增大并克服高压油管中残余压力和出油阀的弹簧时，出油阀打开，高压燃油经高压油管流至喷油器（图 2-21d）。当柱塞继续上行至柱塞头部的斜槽打开套筒上的回油孔时，套筒内的高压燃油经柱塞上的直槽、斜槽流回进油空间，套筒内压力迅速下降，出油阀自动关闭，喷油泵停止供油，这是喷油泵的几何供油终点（图 2-21e）。此后，柱塞继续上行，燃油也继续回流，当行至最高位置时，喷油泵名义上的泵油行程结束（图 2-21f）。

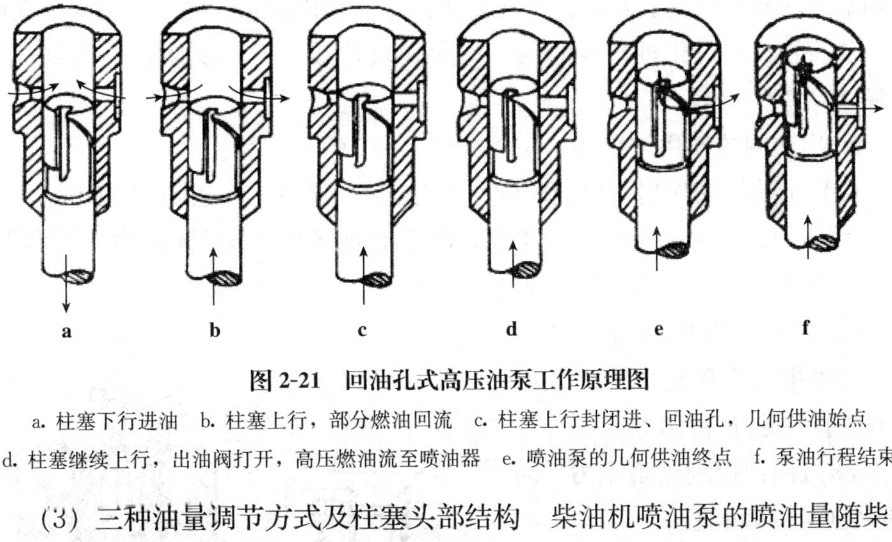

图 2-21　回油孔式高压油泵工作原理图

a. 柱塞下行进油　b. 柱塞上行，部分燃油回流　c. 柱塞上行封闭进、回油孔，几何供油始点　d. 柱塞继续上行，出油阀打开，高压燃油流至喷油器　e. 喷油泵的几何供油终点　f. 泵油行程结束

(3) 三种油量调节方式及柱塞头部结构　柴油机喷油泵的喷油量随柴油机工况的改变而作相应的改变。改变喷油量是通过改变柱塞有效行程来实现的，而柱塞有效行程又由供油的始点和终点决定，故喷油泵的供油量决定于供油的始点和终点。由此可见，可以通过改变供油终点、改变供油始点和同时改变供油始点和终点的方法改变喷油量，因而可将油量调节的方式分为三种，即终点调节式、始点调节式和始终点调节式（图 2-22）。

① 终点调节式　终点调节式（图 2-22a）的外形特点是柱塞头部上平面

平整，斜槽位于柱塞头部下方。在柱塞上行过程中，用柱塞顶平面封闭进、回油孔，用柱塞斜槽开启回油孔。转动柱塞改变供油量时，供油始点不变，供油终点可调。无论负荷大小，供油始点不变，当负荷较小时供油结束早；负荷较大时供油结束较晚。

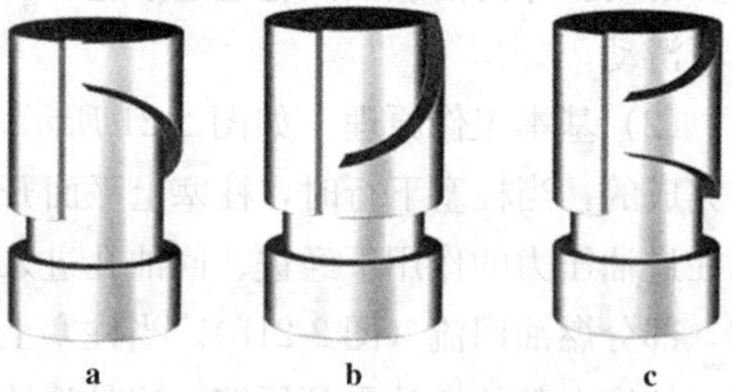

图 2-22　三种油量调节方式及柱塞头部结构

a. 终点调节式　b. 始点调节式　c. 始终点调节式

② 始点调节式　始点调节式（图 2-22b）的外形特点是柱塞头部上方是斜槽，柱塞头部下方平整。在柱塞上行过程中，用柱塞头部斜槽封闭进、回油孔，用柱塞底部环形槽开启回油孔。转动柱塞改变供油量时，供油始点可调，供油终点不可调。无论负荷大小，供油终点不变，当负荷较小时供油较晚；负荷较大时供油较早。

③ 始终点调节式　始终点调节式（图 2-22c）的外形特点是柱塞头部上方和下方均开有斜槽。转动柱塞改变供油量时，供油始、终点均随负荷而改变。负荷较小时，供油较晚且结束较早；负荷较大时，供油较早且结束也较晚。

2. 出油阀的作用与结构

（1）出油阀的作用　出油阀的作用有三种，即蓄压、止回和减压。

① 蓄压：柱塞泵油时压力累积，由于出油阀上减压凸缘和弹簧的作用，使阀开启时刻延迟到阀一定升程之后，产生较高的供油压力。

② 止回：防止油管中油倒流，使喷射延迟阶段缩短，同时有利于排除系统中空气。

③ 减压：控制剩余压力，防止重复喷油和滴油。

（2）出油阀的结构　按卸载方式不同，可将出油阀分为等容卸载出油阀（图 2-23a）和等压卸载出油阀（图 2-23b）两种。

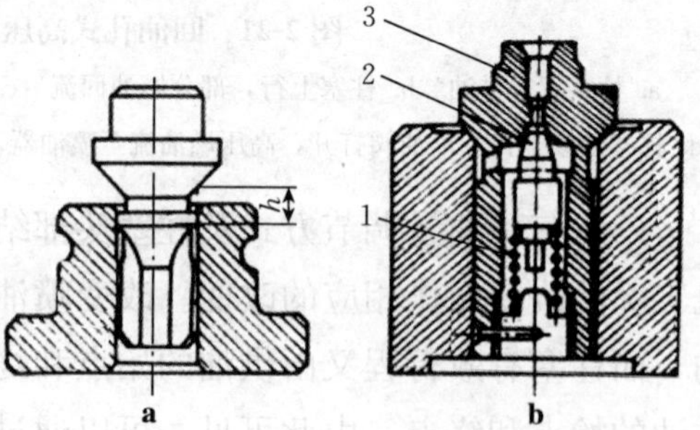

图 2-23　出油阀的结构

a. 等容卸载　b. 等压卸载

1. 卸载弹簧　2. 卸载阀　3. 出油阀

① 等容卸载出油阀：出油阀上有一减压环带，其相应的卸载

的行程为 h，在出油阀落座前的 h 距离时已由减压环带把高压油管与油泵的工作空间隔开。因落座前阀又下行 h 距离（卸载容积），高压油管中的容积增大，使管中燃油压力因容积增大而迅速降低，缩短了燃油喷射过程中的漏油阶段并可避免重复喷射。缺点是因其卸载容积恒定，因而在柴油机工况变化时高压油管中的残余压力相应变化，同时在低负荷时可能因过分卸载而造成高压油管的低压，形成穴蚀。

② 等压卸载出油阀：出油阀上无减压环带，但在其内部设有一个由卸载弹簧 1 控制的锥形卸载阀 2，当出油阀关闭后，若高压油管中的油压高于卸载阀的开启压力，则卸载阀开启使燃油倒流入喷油泵的工作空间，直到同卸载阀的关闭压力相等为止。所以等压卸载可减少高压油管中压力波的波动值，不但可避免重复喷射而且也可以避免穴蚀。

3. 回油孔式喷油泵的检查调整

喷油泵的检查调整包括密封性检查与要求、供油定时的检查与调整和供油量的检查与调整。

(1) 密封性检查与要求

① 综合检查：先在高压油管接头处安装压力表，然后手动泵油，直至达到说明书规定的泵油压力时停止泵油，并按住泵油手柄不动。观察压力表指针，此压力读数若能在说明书规定的时间（一般不小于 30 s）内保持不降，则认为密封性良好。

若发现压力下降很快或不符合说明书的要求，则说明有密封不良处，应根据喷油泵的构造不同，分别对出油阀和进、回油阀及喷油泵柱塞偶件进行密封检查。

② 出油阀检查：操作步骤基本同上，区别在于停止泵油时放松泵油手柄。由于泵油手柄松动，柱塞自然下行，这时若压力表读数基本保持不变，则认为出油阀密封性良好。若发现压力下降，则说明出油阀密封不良。

③ 取出出油阀的检查：取出出油阀重复上述步骤①。若压力读数符合说明书的要求，则柱塞、套筒偶件或进（回）油阀密封良好；若压力下降很快，则说明柱塞、套筒偶件漏油或进（回）油阀漏油。

(2) 供油定时的检查与调整

① 供油定时的检查：喷油泵供油定时的常用检查方法有冒油法、标记法、照光法等。

a. 冒油法：首先将燃油手柄置于额定功率时的标定供油位置，然后将柴油机曲轴正车盘车至压缩上止点，再反向盘车至压缩上止点前40°左右，拆下喷油泵上的高压油管，然后用螺丝刀撬动油泵柱塞，观察出油阀紧座孔中出油是否带有气泡，当不再冒气泡时即可停止撬动，用棉纱头吸去多余柴油；也可用嘴吹去，使油面保持在出油阀紧座孔倒锥下部。顺曲轴工作转向缓慢而均匀地转动飞轮，同时密切注意出油阀紧座孔中油面状况。当油面刚一发生波动的瞬间立即停止转动，此时根据上止点指针所指飞轮刻度，即为供油提前角。

b. 标记法：有些柴油机喷油泵的供油始点在泵体上装有固定和滑动标记（通常为一条刻线），盘车时，标记重合的瞬间即为喷油泵的供油始点。如图 2-24 所示。

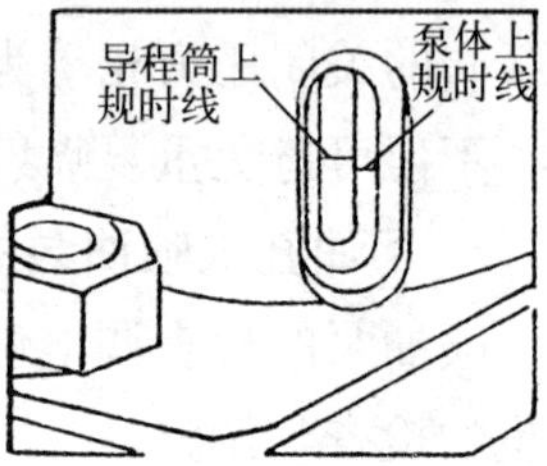

图 2-24　标记法

c. 照光法：仅适用于套筒上进、回孔高度相等的大型回油孔终点调节式喷油泵。拆下泵体上进、回油孔相对的螺钉并缓慢盘车，从油孔中观察柱塞的运动，并在对侧的螺孔处用手电筒照明，当柱塞上行到刚好将回油孔遮住而看不到光线时，飞轮上的刻度读数即为该泵的供油始点。

② 供油定时的调整：根据喷油泵的工作原理和传动结构，改变定时的方法一般有三种：

a. 转动凸轮法：只要改变燃油凸轮与曲轴之间的相对位置，达到改变供油提前角的目的。当凸轮转动的方向与凸轮轴正车旋转方向相同时，喷油提前角增大，即提早喷油。反之，则延迟喷油。如图 2-25 所示。

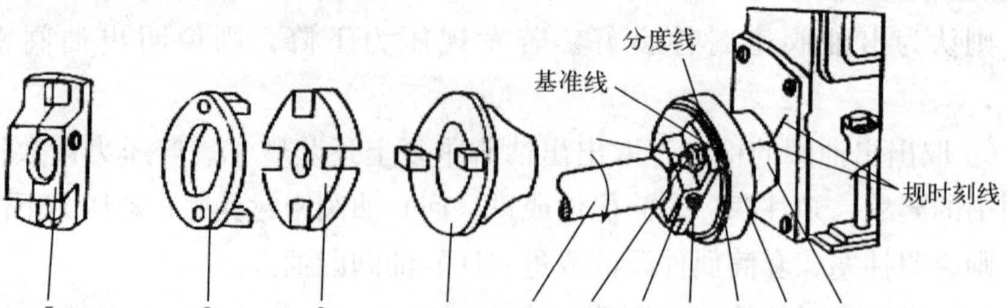

图 2-25　转动凸轮轴法

1. 被动盘　2. 中间块　3. 驱动盘　4. 夹紧螺钉　5. 夹紧块　6. 连接螺钉　7. 驱动轴

b. 升（降）柱塞法：此法多用于中小型机回油孔调节式喷油泵。柱塞上升时使得柱塞上边缘封闭回油孔的时刻提前，从而供油定时提前，供油提前角增大。反之，柱塞下降，则供油定时滞后，喷油提前角减小。如图 2-26 所示。

c. 升（降）套筒法：套筒升高，则供油提前角变小。反之，则供油提前角变大。升降套筒的途径：套筒上端设有一组调节垫片，减少垫片即升高套筒；泵体下方设置多个调节垫片，增加垫片即升高套筒；在套筒下部设螺旋套，用定时齿条拉动使套筒升降。

(3) 供油量的检查与调整

① 供油量的检查：喷油泵供油量的检查包括标定供油量的检查、零位检查和供油量均匀性检查。

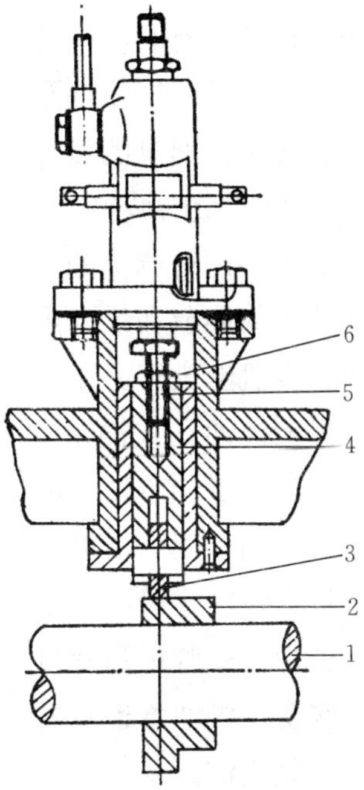

图 2-26 升（降）柱塞法

1. 凸轮轴 2. 凸轮 3. 滚轮 4. 顶头 5. 调节螺钉 6. 固定螺母

a. 标定供油量检查：在试验台上将喷油泵油量调节齿条或调节拉杆拉至标定供油量位置，按说明书要求泵油规定的次数（50 次或 100 次或 200 次），测量所泵油的量值应满足说明书的要求。

b. 零位检查：喷油泵停止供油时柱塞所处的位置称为喷油零位。当加油手柄置于停车（零位）位置时，油泵柱塞虽在往复运动，但各缸喷油泵不供油，其柱塞有效行程为零，以保证可靠停车。

回油孔式喷油泵的调节齿条上有刻度，用以表示供油量的多少。在燃油手柄放在停车位置时，各缸喷油泵齿条都应处在“0～2”刻度范围内。如齿条刻度不符合要求，可通过转动齿条与油量调节杆连接处的调节螺钉来调节。

c. 供油量均匀性检查：供油量均匀性检查的目的是要求各缸喷油泵柱塞有效行程相同。回油孔式喷油泵的调节齿条上的刻度相应地表示出柱塞有效行程的大小。全负荷检查时，将燃油手柄处于标定供油位置，各泵的调油齿条格数应相同，即利用齿条与总油量调节杆连接处的调整螺钉将各缸喷油泵的齿条均调节在同一刻度上，理论上就能保证各缸供油量基本上均匀。但是，还需要启动柴油机，在柴油机正常运转时根据各缸热力参数（如排气温度、燃烧压力等）进行前后调整，或当各缸供油量不均匀时，在实验台上进行测量调整。有时由于各喷油泵制造上的误差，即使是新出厂的柴油机，在标定负荷下，各缸喷油泵齿条的刻度也不能绝对达到相等，所以，柴油机在实际运转中，通过测量和调整后，各缸油泵齿条的读数可能会有所不同。

② 供油量的调整：喷油泵循环供油量的调整主要是根据柴油机运转中负荷的大小进行调节的。不同形式的油泵其供油量的调节方法不同。小型油泵供油量的调节和供油定时的调节均在油泵试验台上进行。大型油泵只能在实船、实机上进行。

大型回油孔式油泵（均为单体泵）各缸供油量的调节：在调节杆上进行。改变油量调节杆与油量调节总杆接合的相对位置，即改变了供油量。从调节杆上的刻度（俗称油门刻度）数可知油量调节的程度。

带有装配式齿圈的小型油泵（通常为组合泵）各缸供油量的调节：在齿圈上进行。松脱锁紧螺钉，转动（微量）齿圈，再重新紧固后，柱塞的工作相位改变，供油量也政变。柱塞上带有端柄的小型油泵的各缸供油量的调整方法与此相仿。

所有形式的喷油泵的供油量的总调节，均在油量调节总杆与调速器油量调节轴的连接处进行。

（三）喷油器

1. 喷油器的结构、功用、要求和基本工作原理

（1）结构　由本体、针阀弹簧、针阀偶件、顶杆、锁紧螺母等组成。液压启阀式喷油器结构示意图见图 2-27。

（2）喷油器的功用　将喷油泵供给的高压燃油，以一定的压力、速度和方向呈雾状喷入气缸内，并借助于空气的扰动使之形成可燃混合气。

（3）对喷油器工作的要求

① 雾化的细度和均匀度要好，这由喷油压力和喷孔直径来保证。

② 雾化的形状能与燃烧室相配合，使燃油均匀分布在燃烧室，这主要由喷孔或针阀的锥角来保证。

③ 喷射要断然开始和终止，不允许滴油和重复喷射，这由针阀与阀座的密封性和启阀压力来保证。

（4）液压启阀式喷油器的基本工作原理　来自高压油管的燃油经接头精滤棒进入喷油器，再经本体的长孔与针阀体中的斜孔汇集于针阀体下部的环形腔内，此时的燃油压力尚不足以抬起针阀，随着喷油泵柱塞继续上行，燃

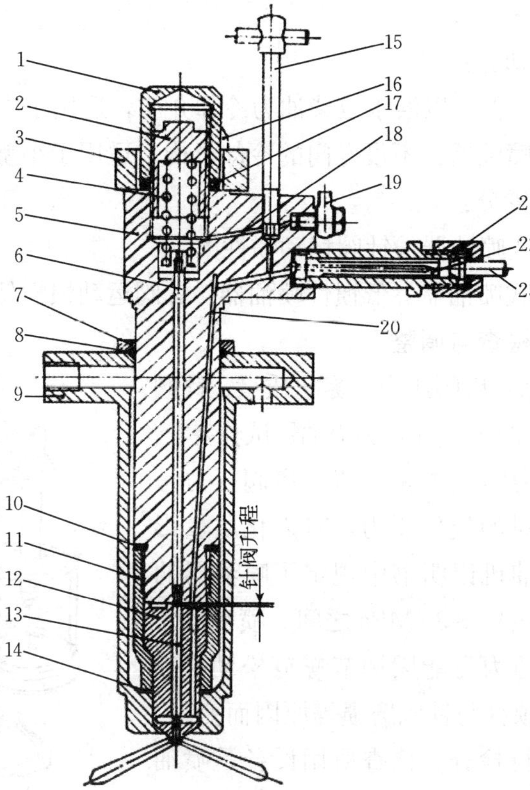

图 2-27 液压启阀式喷油器结构示意图

1. 盖帽 2. 调压弹簧 3. 压板 4. 弹簧 5. 本体 6. 推杆 7. 压板 8、10. 橡皮 9. 水套 11. 紧帽 12. 针阀体 13. 针阀 14. 紫铜垫圈 15. 回油阀 16. 螺柱、螺母 17. 密封垫圈 18. 回油孔 19. 回油管接头 20. 进油道 21. 进油管接头 22. 精滤棒 23. 高压油管

油压力逐渐升高。高压燃油作用在针阀的锥面上，克服弹簧的预紧力抬起针阀，当针阀离开阀座时，承压面增大，加速针阀抬起，燃油通过喷孔喷入燃烧室。燃油抬起针阀的最低压力称为启阀压力。回油孔式喷油器的启阀压力取决于针阀弹簧预紧力。当油泵停止供油时，针阀处压力下降，针阀在弹簧压力下重新关闭，燃油停止喷射。为了延长针阀、弹簧使用寿命，在针阀抬起后所形成的燃油流通面积足够大的情况下，应尽量减少针阀升程。液压启阀式喷油器有以下几种分类：

① 按喷孔数量分：

a. 单孔喷油器：喷孔直径大，启阀压力低，雾化质量差。应用于小型高速机和分开式燃烧室。

b. 多孔喷油器：孔径小，启阀压力高，雾化质量高。应用于中、低速开式燃烧室。

② 按是否冷却分：

a. 冷却式喷油器：以淡水或柴油为冷却介质，适用于中、低速机。

b. 非冷却式喷油器：不设专门的冷却机构，适用于小型机。

③ 按弹簧位置分：

a. 弹簧上置式喷油器：针阀运动惯性大。

b. 弹簧下置式喷油器：低惯性喷油器，针阀运动惯性低。

2. 喷油器的检查与调整

检查内容包括：启阀压力、雾化质量、针阀偶件的密封性。如图 2-28 所示为喷油器试验装置。

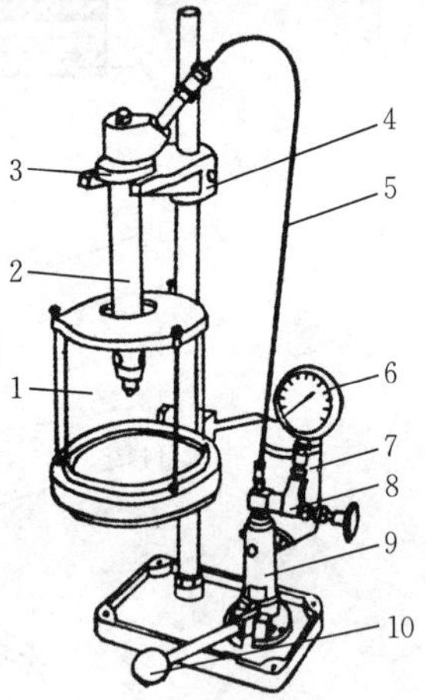

图 2-28　喷油器试验装置

1. 玻璃罩　2. 喷油器　3. 支承环　4. 支架　5. 高压油管　6. 压力表　7. 盛油容器　8. 截止阀　9. 手摇泵　10. 杠杆

(1) 启阀压力的检查和调节　启阀压力是喷油器开始喷射时的最低压力，对雾化质量影响很大，所有柴油机说明书中规定了喷油器的启阀压力。一般在 20～35 MPa 之间。喷油器长期使用后，启阀压力可能因调节螺钉松动、弹簧折断或变形、顶杆与针阀磨损等原因而变动，因此必须经常进行检查。检查所用设备是喷油器试验装置，如图 2-28 所示。检查前必须先检查喷油器雾化试验台的密封性，即当关闭试验油泵的出口截止阀 8，手动摇动杠杆 10 泵油，使油压升至启阀压力以上，压住杠杆 10，此时，油压缓慢降落而不骤降，说明喷油器雾化试验台的密封性良好。检查时接上试验的喷油器，先排除空气，然后观察开始喷油时的压力即为启阀压力。如此值与规定不符，则拧动喷油器上的调节螺钉，直到符合规定要求为止。

(2) 密封性检查　喷油器密封性检查包括针阀与针阀体柱面和针阀与阀座两处密封性的检查。此项检查也在喷油器试验装置上进行。试验时泵油油压略低于启阀压力，停止泵油，压住杠杆 10，观察油压降速度。此速度大于规范时说明针阀与针阀体柱面间隙大，因密封不良而产生漏油。在检查柱面密封的同时也可检查锥面的密封性，即在上述停止泵油时，喷孔处只有轻度潮湿而无燃油滴漏者为密封性良好。

(3) 雾化质量检查　此项检查也在喷油器试验装置上进行。当手动泵油时细心观察喷注的形状、数目、油滴细度和分布情况，注意查看到达启阀压力前后喷孔处是否有油滴滴漏。良好的雾化质量应是喷注符合要求，无油滴泄漏、渗滴，整个喷射过程伴有清脆的“吱吱”声。

（四）喷油设备的主要故障及管理

喷油设备的关键零部件就是三对精密偶件，即柱塞与套筒、出油阀及阀座、针阀与针阀体。设备的主要故障就是偶件故障（磨损、卡滞和穴蚀）。另外高压油管由于安装方法与定位失误也易断裂。

1. 喷油设备的主要故障类型及原因分析

（1）柱塞、套筒的过度磨损、卡滞或咬死及拉毛

① 过度磨损

原因：偶件材料及加工等制造质量缺陷，燃油品质（黏度、含硫量）及机械杂质含量等方面造成。

后果：偶件漏油，密封性下降，喷油压力下降，喷油正时滞后，雾化不良，不均匀磨损，导致各缸喷油量不均，影响低负荷稳定性。

② 卡滞或咬死

原因：燃油净化不良，油温过高，温度突变。

后果：油泵停止工作，导致熄火。

③ 拉毛

原因：硬质杂质进入偶件配合面。

后果：柱塞与套筒卡滞或泄漏严重。

（2）出油阀偶件的磨损，卡紧或咬死

① 磨损

原因：含杂质燃油高压冲刷，油的酸性腐蚀，阀与阀座频繁撞击，阀面扭曲变形。

后果：漏油，喷油压力降低，影响雾化和燃烧质量。

② 卡紧咬死

原因：润滑不良，受热不匀，弹簧失效，阀芯及其导向部变形。

后果：柱塞下行时，部分高压油管内油漏回套筒，造成下一循环供油量和喷油提前角都减少。

（3）针阀偶件的磨损、卡紧或咬死　针阀偶件工作特点：接近高温燃烧室，针阀与阀座撞击剧烈，只有微量油滑润。

① 密封锥面与滑配柱面磨损

原因：含杂质燃油冲刷，喷孔结炭，阀与阀座撞击，高温变形，材料本身质量。燃油酸性腐蚀。

后果：漏油量增加，喷油压力下降，雾化不良。漏油量不均匀时，各缸喷油量不均，低速稳定性下降，针阀上下端面腐蚀，密封性下降。阀座下沉造成节流损失增大，影响雾化及喷油规律。

② 卡紧咬死

原因：油中机械杂质进入针阀偶件间，喷油器冷却不良，偶件过热变形，安装不当。

后果：卡死在开启位置会造成雾化不良、燃烧恶化，排温过高且冒黑烟，此时高压油管脉动微弱，甚至无脉动。卡死在关闭位置会造成该缸断油熄火，转速下降，油泵中油压猛烈升高，油管接头处发生漏油或破裂、油泵过热或破损。

(4) 喷油泵、出油阀、喷油器弹簧的弹性下降、变形和折断

原因：燃油酸性腐蚀，高温下长期使用，含杂质油冲刷，疲劳变形，安装不当。

后果：油泵、出油阀及喷油器失效，喷油定时和喷油量失去控制。

(5) 喷油嘴常见故障

① 喷孔磨损

原因：燃油的高压高速冲刷，以及油中有杂质和酸。当喷孔孔径增大10%时，则换新。

② 喷孔堵塞

原因：油中的杂质和结炭（喷孔内外），雾化头过热，喷孔直径减小，射程缩短，密封面泄漏滴油，燃烧接近雾化头，造成恶性循环。

③ 喷孔结炭

原因：针阀密封面磨损泄漏、密封面过热变形或燃油品质不符合要求。

④ 裂纹

原因：雾化头过热，高温作用引起，属于热疲劳裂纹。

上述各种类型故障均会造成雾化不良，破坏喷出的油束形状及其与燃烧室之间的配合，燃烧恶化，喷孔堵塞严重时将导致各缸喷油量不均，转速不稳，后燃加剧。

(6) 喷油设备的穴蚀　喷油设备在工作中内部压力处于大范围的剧烈变化和波动中，燃油极易产生汽蚀现象，对喷油设备造成穴蚀损害，直接影响

喷油设备工作的可靠性和使用寿命。

穴蚀最易发生的部位：①出油阀与阀座的密封处。②柱塞斜槽上方，宽度为回油孔直径的区域。③与回油孔相对的喷油泵体上。④高压油管内壁。⑤喷油器针阀密封处。

上述各项其中①、④、⑤是由压力传递引起的，过分卸载导致回油时压力降低梯度太大，低压小于汽化压力而产生气泡，压力升高时又破裂形成穴蚀。②、③是因为燃油压力变化过大。

防止穴蚀措施：

①出油阀选择合适的结构和参数：以等压卸载阀替代等容卸载，优化等容卸载出油阀结构。

②合理控制卸载速度：在低压油腔中提高燃油压力，回油系统中设置缓冲器吸收压力波。

2. 喷油设备的维护与管理

① 适时对喷油设备进行拆检和试验，及时排除存在的隐患和缺陷。

② 长期停车后或喷油设备检修装复之后，应注意喷油设备及燃油系统放气。

③ 运转中应细致检查高压油管的脉动状态。如脉动突然增强，喷油泵有异响，则表明喷油泵排出压力过高，大多是由于喷油器喷孔堵塞或针阀在关闭位置卡死所致；如高压油管无脉动或脉动微弱，则多为柱塞或针阀在开启位置咬死或喷油器弹簧折断所致；若脉动频率或强度不断变化，则柱塞有卡滞现象。

④ 运转中如需单缸停油，则应使用喷油泵专门停油机构抬起该油泵柱塞。不可关闭喷油泵燃油进、出口阀，以免柱塞偶件断油缺乏润滑而卡死。

⑤ 注意喷油器的冷却状况，防止过热。经常检查喷油器冷却水的水质变化，如混有柴油，则表示喷油器内有漏油现象。

⑥ 注意排烟颜色、排气温度等的异常变化，判断喷油设备的工作状况。

六、柴油机的燃烧过程

（一）燃烧的着火条件和燃烧过程的四个阶段

1. 燃烧过程

燃油的燃烧质量是影响柴油机工作性能的关键，燃烧过程是一个十分复杂的物理、化学过程，燃烧过程所经历的物理和化学变化分为三个过程：

（1）形成燃油与空气的可燃混合气

（2）可燃混合气自燃形成火源

（3）火焰扩散形成燃烧

2. 燃油燃烧必须同时具备的着火条件

（1）适当的混合气浓度

（2）足够高的温度。

燃油着火刚开始只能在喷注核心与外围之间的某个区域，即混合气的浓度与着火温度最容易得到满足的地方，首先着火形成火源，然后才能扩展形成燃烧。表征燃烧过程的重要参数是工质的压力和温度。由于燃烧过程进行的时间非常短暂，一台转速为 1 000 r/min 的柴油机，其燃烧过程进行的时间只有 10 ms。要了解它的实际过程式是困难的，但可以利用观察到的现象来分析燃烧的实质，如利用气缸内温度与压力的变化情况来分析它的全过程。燃烧实际是一个连续进行的过程，但为了便于分析，根据其压力与温度的变化情况，将其分为四个阶段：滞燃阶段、速燃阶段、缓燃阶段、后燃阶段。

3. 燃烧过程的四个阶段分析（图 2-29）

（1）滞燃阶段（A－B） 燃油从 A 点喷入气缸，这时虽然气缸中的温度一般高于在当时压力下燃油的燃点，但燃油并不能立刻燃烧。燃油进行物理、化学准备，燃油油珠和油膜受热蒸发形成油雾并与空气进行初步混合，燃油在滞燃期内没有产生明显的燃烧，气缸内的压力与温度基本与压缩线重合。如果滞燃期越长，则完成燃烧准备的燃油就越多，一旦发火，就会产生“燃烧敲缸”，致使柴油机工作粗暴，磨损严重。

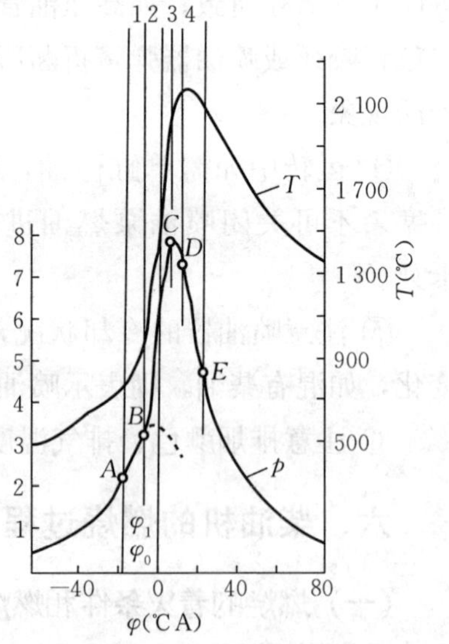

图 2-29 燃烧过程 $p-\varphi$ 和 $T-\varphi$ 曲线

滞燃期内形成的可燃混合气数量，决定后继速燃期燃烧的急剧程度，滞燃时间短些为宜。

影响滞燃期长短的因素：

① 燃油品质的影响：十六烷值越

高，馏程越短的燃油，滞燃期就越短，反之则越长。

② 气缸的热状态：气缸内压力和温度越高，滞燃期就短，反之则越长。气缸热状态取决于压缩比、进气终点的温度和压力及气缸的冷却情况和配气定时。

③ 柴油的雾化质量：雾化质量越好，滞燃期越短，反之越长。

④ 喷油提前角：喷油提前角过大，因喷油时气缸内的压力和温度较低，滞燃期也越长；若喷油提前角过小，将使燃烧过程后移，引起燃烧不良，经济性下降。所以喷油提前角应适当。

喷油提前角过小：气缸内温度和压力过低，燃油的蒸发及与空气混合气质量过低，发火时参与燃烧的数量不足，甚至难以发火，爆压过低，功率发挥不足并使燃烧过程后移，柴油机冒黑烟，排温过高，热负荷过重，经济性下降。

喷油提前角过大：气缸内压力和温度较高，燃油的蒸发及与空气形成混合气时间也长，参与发火的燃油数量较多，柴油机爆压过高，工作粗暴，燃气敲缸，机件承受的机械负荷过高，磨损严重，工作寿命和可靠性下降。

（2）速燃阶段（B－C）　在速燃期中，不但烧掉滞燃期形成的可燃混合气，还烧掉了速燃期喷入气缸并已完成了燃烧准备的部分燃油，燃烧近乎在等容状态下进行。

① 评价速燃期的重要参数是平均压力增长率 $\Delta p/\Delta\varphi$，决定燃烧过程柔和性。

② 通常要求平均压力增长率 $\Delta p/\Delta\varphi$ 不超过 0.4～0.6 MPa/°CA，最高爆发压力发生在上止点后 10°～15°曲轴转角。

③ 速燃期是不可控燃烧期，很难用控制本燃烧期可燃混合气形成速度的办法来控制燃烧速率。

④ 应通过滞燃期来控制速燃期，力求缩短滞燃性，从而控制混合气形成量。

⑤ 滞燃期对燃烧质量起决定性作用。

（3）缓燃阶段（C－D）　缸内已充满火焰，油滴入即烧，但活塞已离上止点下行，气缸容积迅速扩大，烧的油虽多，但缸内压力却缓慢下降。

① 缓燃期主要矛盾：油气得到的氧分子的速度赶不上燃烧速度的需要，容易产生不完全燃烧。

② 缓燃期长短：取决于负荷大小，也称可控燃烧期。速燃期和缓燃期统称主燃期。

（4）后燃阶段（D－E）　燃烧过程在膨胀行程中的继续。要求越短越好。缩短后燃期的措施就是要加强燃烧室内空气运动改善混合气的形成。

影响后燃期的因素：

① 喷油提前角过小时，整个燃烧过程后移，使后燃期增长。

② 喷油结束太晚，喷油器漏油或关闭不严或喷油量过多，后燃期会延长。

③ 雾化质量不良，油气混合不好，空气量不足，也会使后燃增多。

④ 负荷与转速的变化：转速增高，燃烧时间相应缩短，燃烧难于及时充分，也会引起后燃；负荷增多，则喷油量相应增加，燃油获得空气量相应地减少，也会产生后燃。

（二）燃烧过程的影响因素及控制措施

1. 影响燃烧过程的因素

（1）燃油品质　以发火性能对燃烧影响最大，烧值高低、燃油挥发性对滞燃期也有一定影响。

（2）喷油正时　最佳喷油提前角：滞燃期最短，工作平稳，热效率较高。

（3）雾化质量　燃油的雾化质量取决于喷油设备的技术状态。

（4）换气质量　影响换气质量主要因素包括气阀正时、气口、气道清洁度。对增压机来说，增压系统工作状态严重影响换气质量。

（5）气缸的热状况　压缩终点的压力和温度较高则滞燃期短，反之则长。缸内温度与压力主要取决于气缸活塞环和气阀工作状态、压缩比（ε）和气缸的冷却情况。

（6）柴油机的转速和负荷　柴油机转速变化对滞燃期和整个燃烧过程都会发生影响，同是转速升高，对柴油机燃烧影响却不一样。

① 转速升高，气缸漏气散热减少，压缩终点压力、温度升高，使滞燃期有所缩短，有利于燃烧。

② 转速升高，滞燃角增加，使速燃期 p_z 和 $\Delta p/\Delta\varphi$ 增大，不利于燃烧。

③ 转速升高，使喷油过程延长，使后燃期加长，不利于燃烧。

柴油机负荷对燃烧的影响：

① 负荷增加，循环喷油量增加，气缸总发热量增加，气缸壁温度升高，滞燃时间缩短。

② 负荷增加，燃烧持续期成比例增长，爆压提高，后燃加剧。

2. 完善的燃烧过程应具有的特点

① 控制滞燃期的喷油量以保证燃烧平稳。

② 燃烧在上止点附近进行（不超过上止点后40°曲柄转角）。

③ 燃烧压力迅速增大到最大爆压并等压工作。理想燃烧过程的最高爆发压力发生的相位应该是上止点后 10°～15°曲轴转角。

④ 主燃期燃烧完全，后燃最少。

3. 改善燃烧质量的措施

根据对燃烧过程的分析和实践表明，运行管理中通过以下措施来改善柴油机的燃烧质量：

① 确保换气质量良好，保证气缸中有足够的新鲜空气量。

② 燃油品质应满足使用条件，重视燃油使用前的预处理质量。

③ 气缸压缩温度应保证燃油压缩发火所需的温度，保证气缸密封性，冷却状态。

④ 确保喷射系统正常工作。经常性对系统部件进行检测和日常保养，及时调整运行参数。

⑤ 日常管理中注意排气颜色，重视各缸排温测量与分析，定期测取各气缸示功图，计算指示功率并分析各缸燃烧状态，测取各缸最高爆压以大致判断各缸喷油正时的变化，测取各缸压缩压力以判断各缸压缩状态（气缸气密性）。

七、柴油机的热平衡

柴油机的热效率只有燃油在气缸中燃烧所放出热量的 40%～55%转化为有效功，其余 45%～60%以各种形式从外部损失。

柴油机中燃油的总热量大致分为四部分，其热平衡方程式：

$$Q=Q_e+Q_r+Q_w+Q_s$$

式中 Q——总热量。

Q_e——有效功，一般为 30%～50%，应尽可能提高。

Q_r——排气热损失，一般为 25%～40%，应控制和充分利用。

Q_w——冷却热损失，一般为 10%～30%，应控制和充分利用。

Q_s——热平衡余项损失，一般为 2%～10%，主要为热辐射、不完全燃烧、部分机械损失。

第四节　四冲程柴油机的换气与增压

一、四冲程柴油机的换气过程

四冲程柴油机从排气阀开到进气阀关的整个换气过程分为三个阶段，即自由排气阶段、强制排气阶段和进气阶段。

1. 自由排气阶段

当排气阀开启时，气缸压力远远高于排气管压力，排气管压力与气缸压力之比小于临界值，气体流动为超临界流动，气缸内废气以音速流过排气阀最小截面处。气缸压力迅速下降，排气管压力升高。当排气管压力与气缸压力之比大于临界压比时，气体流动转入亚音速流动阶段。到某一时刻，气缸压力接近于排气管压力时，自由排气阶段即告结束。

2. 强制排气阶段

活塞上行将气缸内的废气强制推挤入排气管的阶段，即为强制排气阶段。由于排气阀延迟关闭，此阶段的末尾可利用排气管中废气的流动惯性把气缸内的废气继续吸出。

3. 进气阶段

进气阀提前开启，气缸中的废气压力低于进气压力时开始进气。进气流具有一定的惯性。进气阀滞后关闭可使气体的动能转化为压力能，使进气终了时气缸压力接近或略高于进气管压力。

4. 气阀叠开和燃烧室扫气过程

在气阀叠开期间，进气管、燃烧室和排气管连通起来，当进气管中压力比排气管压力高时，新鲜空气进入气缸，并驱赶残留在燃烧室的废气一并进入排气管。这样，既有利于清扫残余废气、增加新鲜空气量，又有利于降低燃烧室部件冷却液难以冷却到的高温壁面的温度。但是，应该指出，气阀叠开角并不是大的就好，因为进气阀开启过早会造成废气倒冲入进气管；排气阀关闭过迟，过量的扫气空气会降低涡轮前排气温度，减少增压器涡轮获得的可用能。

在换气过程中，新鲜空气与废气是不相掺混的。因此，四冲程柴油机的换气质量高。

二、四冲程柴油机的换气机构

保证柴油机按规定顺序和时刻完成进排气的机构称为配气机构，又称换气机构。通常它是由气阀机构、气阀传动机构、凸轮轴和凸轮轴传动机构组成的。换气机构的任务是保证柴油机在工作过程中按规定的时间开启或关闭各气缸的进气阀和排气阀，使尽可能多的新鲜空气进入气缸，并使膨胀终了的废气从气缸排净，保证柴油机工作过程的连续和燃烧过程的完善。传动机构的作用是把凸轮的运动传给气阀，凸轮轴是由曲轴经过中间传动齿轮来带动的，并与其保持严格的“正时”关系。根据柴油机的工作要求，气阀关闭时应该保证严密不漏气，开启时又要有足够大的流通面积，使气缸内排气干净，进气充足，以保证完善的燃烧过程对新鲜空气的需要。换气机构的工作质量影响柴油机换气质量的好坏，而换气质量是影响柴油机燃烧质量和做功能力的重要因素之一，所以正确了解和管理好换气机构对保证柴油机良好的性能和延长使用寿命具有重要的意义。图 2-30 所示为四冲程柴油机常见的换气机构简图。

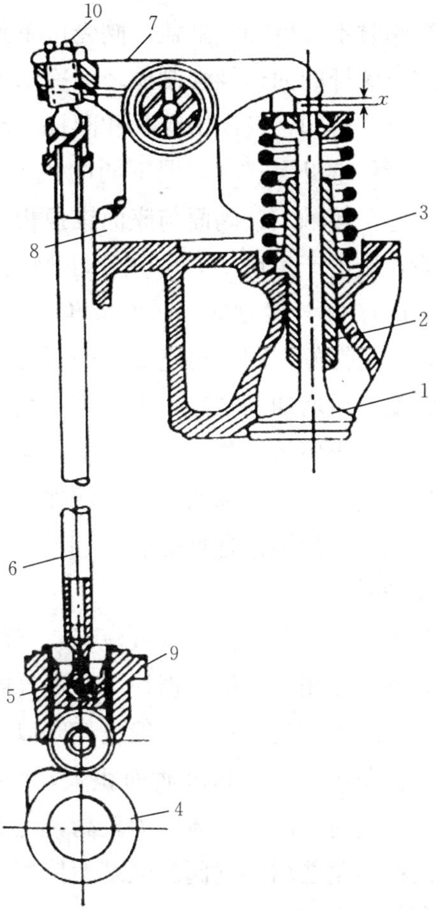

图 2-30 四冲程柴油机换气机构

1. 气阀 2. 气阀导管 3. 气阀弹簧 4. 凸轮 5. 顶头 6. 顶杆 7. 摇臂 8. 摇臂座 9. 导套 10. 调整螺钉 x. 气阀间隙

1. 气阀机构

气阀机构由气阀、阀座、气阀导管、气阀弹簧和连接件等组成。在气阀机构中，气阀和阀座的工作条件最恶劣，进、排气阀的阀盘与阀座的底面除受到燃气高温、高压的作用外，排气阀还受到高温燃气的冲刷，排气阀平均温度高达 650～800 ℃，进气阀的平均温度也高达 450～500 ℃。燃气中的硫、钒、钠氧化物的聚合物对气阀和阀座有腐蚀作用。气阀在关闭时阀面与座面撞击磨损，承受很大的机械负荷。

因此，要求气阀机构应有一定的机械强度、耐磨、耐高温、耐腐蚀等。

气阀按其结构特点可分为不带阀壳和带阀壳两大类。不带阀壳式气阀是直接安装在气缸盖上的，这种气阀不用水冷，结构简单，但检修气阀时必须拆下气缸盖才能拆下气阀，多用于中小型柴油机。带阀壳式气阀一般用于排气阀，其气阀、阀座、导管和气阀弹簧等零件全部装配在独立的阀壳中，再把阀壳用强力双头螺栓坚固在气缸盖的阀壳孔中，这种排气阀的优点是当检修气阀时不必拆卸气缸盖，阀壳可单独拆装，检修方便。此外，在结构上还有润滑阀杆的油道及强制循环的冷却水腔，多用于大功率、中低速柴油机。

(1) 气阀　气阀由阀盘和阀杆两部分组成。阀盘的底面有平底、凸底和凹底三种常见形式。根据不同的机型，排气阀阀面与阀座的接触有三种形式：①全接触式：阀面与座面锥角相等。接触面积大、耐磨、传热好，但易结炭，敲击产生麻点。多用于小型高速柴油机上。阀线宽度一般为 1.5～2.5 mm。②外接触式：阀面锥角小于座面锥角 0.5°～1°。这种方式接触面小，密封性好，阀面与座面内侧不与燃烧时的气体接触，阀盘易发生拱腰变形，变形后增加了散热，多用于强载中、高速增压柴油机。③内接触式：阀面锥角大于座面锥角 0.2°～0.5°。这种方式接触面小，密封性好，阀盘易发生周边翘曲变形，翘曲变形后增加了阀盘散热。多用于大型二冲程柴油机。

气阀阀面锥角常见的有 30°和 45°（进气阀 30°、排气阀 45°）。当其他条件相同时：

锥角大——可使排气气流好，气阀落座时自动定位作用好，工作面比压大，密封作用好，但磨损快。对进气阀来说，要求它有较小的气体流阻，以提高气缸内的充气量。一般进气阀以采用 30°的阀面角较为适宜。

锥角小——气阀流通面积大，磨损小，但阀盘强度低。对于排气阀来说，排气时气缸内气体压力较高，主要应考虑的是自动定位性能要好，而且大的阀面角能增加气阀的强度，使用寿命也要长，所以排气阀以采用 45°阀面角较为适宜。

(2) 气阀弹簧　气阀弹簧的作用使气阀复位并压阀座上。成对安装，有内外及左右旋之分，这样可以减少弹簧高度，增加弹力，减少弹簧振动，防止弹簧互相咬合，若一根弹簧折断时可短时使用。

(3) 弹簧锁紧装置　弹簧锁紧装置一种非常普遍的连接方式是用锥形卡块锁紧。卡块为两个半圆的锥形体，其作用是将弹簧锁紧，将阀杆与弹簧连接起来。

(4) 阀座　阀座通常为镶压式，便于更换。与气缸盖配合面要求光洁、贴合紧密，否则会因气阀与阀座高频撞击及散热困难，引起工作温度升高过热而易失效、松脱，以致造成事故。

(5) 气阀导管　气阀导管使气阀克服摇臂顶动的侧推力做正确的直线运动，散发阀杆热量，工作时温度高达 250～300 ℃，磨损严重。对于外径为

20～30 mm 的气阀导管，其外圆与座孔的安装间隙的过盈量范围在＋0.005～0.015 mm。此间隙影响传热及导管内孔变形。气阀导管与阀杆的间隙过大，阀杆摇摆、工作温度升高，使气缸盖的滑油沿此间隙窜入，造成结胶、焦化、阀杆被卡死在导管中。气阀导管与阀杆的间隙过小，使阀杆热膨胀后卡死在导管中。

2. 气阀传动机构

气阀传动机构按传动形式可分为机械式气阀传动机构和液压式气阀传动机构。

机械式气阀传动机构在中小型柴油机中普遍使用。它由滚轮、顶头、顶杆、调节螺栓、摇臂、摇臂轴、摇臂座等组成。

在柴油机冷态时，气阀机构与气阀传动机构之间要留有间隙，称为气阀间隙。在柴油机热态时，气阀间隙允许气阀阀杆向上膨胀，保证气阀的关闭。如果不留有间隙，气阀在工作时将因向下膨胀而关闭不严，造成气阀漏气，并可能引起其他故障。气阀间隙可以通过调节螺栓调整。调整气阀间隙时，要求滚轮落在凸轮的基圆上，摇臂、顶杆和顶头之间保持接触。

3. 凸轮轴和凸轮轴传动机构

（1）凸轮轴　凸轮轴是柴油机中非常重要的传动轴。它的主要作用是控制柴油机中需要定时的设备，使它们按照一定的工作顺序准确地工作。主要包括进、排气阀，喷油泵和空气分配器凸轮。此外，凸轮轴还带动调速器及其他附件的传动轮。装在凸轮轴上的凸轮是每缸一组，组数与缸数相同。

凸轮轴的结构有整体式和装配式两大类。前者用于小型柴油机，后者用于大型机。图 2-31 所示为凸轮轴示意图。

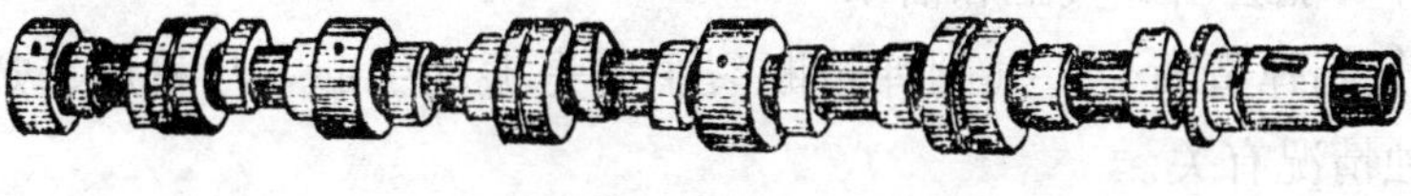

图 2-31　凸轮轴示意图

（2）凸轮轴传动机构　凸轮轴是由曲轴带动的。曲轴与凸轮轴之间的传动方式一般有齿轮传动和链传动。所以凸轮轴传动机构分为齿轮传动机构和链传动机构。四冲程柴油机通常采用齿轮传动。

四冲程柴油机采用齿轮传动轮系，称之为定时齿轮。为了减小曲轴扭振的影响，凸轮轴传动机构都安装在飞轮端。定时齿轮包括主动轮、从动轮和两者之间的中间齿轮。主、从动轮的传动速比为 2 ∶ 1。三个齿轮互相啮合的轮齿上均有啮合记号以保证配气、喷油定时正确。在拆、装凸轮轴传动机构时必须严格注意装配记号。

4. 换气机构的故障和管理

（1）气阀机构的故障

① 阀面与阀座密封面磨损：这种故障表现为阀面与阀座密封面上有伤痕和麻点。伤痕是由于燃气冲刷，燃油中炭粒及其他杂质落在接合面上，使阀与阀座撞击所造成。麻点是由于燃油中的钒、钠、硫导致的高、低温腐蚀。这会使气阀的密封性变坏，引起漏气，使柴油机功率下降，各缸负荷不均，启动困难，甚至不发火。因此，必须经常注意检查气阀的工作状况，发现漏气应对气阀进行研磨，使之重新密封。

② 阀面与阀座烧损：阀面与阀座烧损的原因有阀座扭曲、偏移、倾斜和失圆；麻点、伤痕处漏气；阀杆卡阻，弯曲使阀盘不能落座，导致密封面烧损。

③ 阀杆卡紧：阀杆卡紧的原因有高温结炭，中心线不正，阀杆与导管之间的间隙过大、过小，滑油量不当。

检查方法可以用手从侧面推动阀杆如有摇晃、松动感觉的情况，则应换新。管理上要注意阀杆与导管之间的间隙、对中性和润滑情况。滑油量必须适中，最好使用滑油和柴油的混合油。

装配时以阀杆在导管中能靠自重慢慢下降为好。

④ 阀杆、阀头断裂：造成气阀阀杆断裂的原因大多是频繁撞击引起金属疲劳，高温下材料机械强度下降造成的。阀头的断裂则是由于阀盘变形局部应力过大、气阀间隙太大、长期阀与座撞击、局部热应力过大、气阀机构振动，以及阀盘堆焊材料不同而开裂。阀杆、阀头断裂将使柴油机立即停止工作，并可能会击碎气缸和活塞。

⑤ 气阀弹簧断裂：气阀弹簧断裂主要是振动引起，与材质、热处理不当及锈蚀情况有关。

⑥ 阀壳裂纹：阀壳裂纹通常是由过大的预紧安装力造成的，会使阀壳在受热膨胀时在其中产生很大应力。阀壳裂纹将会使冷却水喷入排气管中。

（2）气阀间隙检查、调整　气阀间隙是柴油机处于冷态且气阀处于关闭的情形下，气阀头部与摇臂头部之间的垂直距离。气阀间隙是保证气阀受热膨胀的余地，保证气阀受热后关闭严密。

气阀间隙过小，阀杆等热胀受到限制，将使气阀向下膨胀，甚至撞到活塞，气阀关闭不严，带来燃气外窜，烧坏密封面，柴油机压缩不足，功率下降，启动困难，排气冒黑烟等弊病。

气阀间隙过大，气阀迟开早关，进、排气过程实际时间缩短及气阀开度不足而导致换气不良，燃烧不足，排气冒黑烟，还会使摇臂与阀杆撞击严重而造成磨损加快，噪声加大。

机械式气阀传动机构的气阀间隙应在冷态下进行测量，测量方法如下：盘车使滚轮与凸轮的基圆接触，同时在摇臂的顶杆端略加力将摇臂压向下，这时摇臂另一端的阀杆端部将出现间隙，用塞尺测量此间隙并与标准值相比较，若不符合，则可通过松开摇臂一端的锁紧螺母，用螺丝刀旋转调节螺钉进行调节，直到符合规定要求为止，最后用锁紧螺母锁紧。

对于六缸四冲程柴油机，发火次序为1－5－3－6－2－4（气缸号），可将第一缸活塞盘至工作上止点（进、排气凸轮呈现“下八字”，凸轮位置参考图2-32b），测量、调整第一缸的进、排气阀间隙，第二缸调进气阀，第三缸调排气阀，第四缸调进气阀，第五缸调排气阀，第六缸因进、排气阀处于开启状态不能调整。然后将柴油机飞轮盘转一圈至第一缸活塞非工作上止点（进、排气重叠角，凸轮位置参考图2-32a），第二缸调排气阀，第三缸调进气阀，第四缸调排气阀，第五缸调进气阀，第六缸调进、排气阀。最后重新检查一遍。这是最快速的调整方法，是建立在各缸气阀传动机构磨损不大、动作一致的基础上的。不过对于磨损过大的柴油机，采用逐缸调整的方法较为妥当。

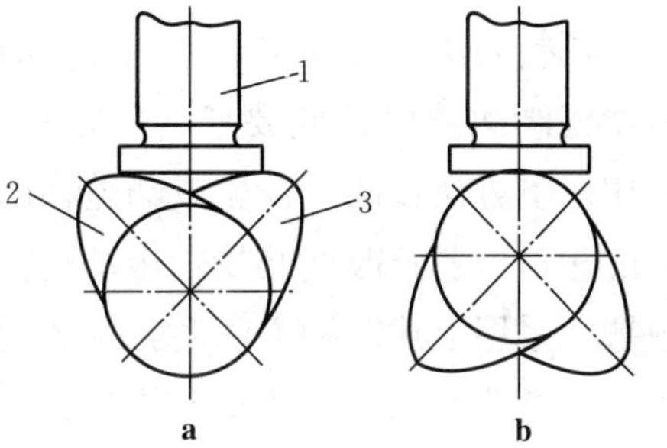

图2-32　凸轮的上八字（非工作上止点）与下八字（工作上止点）

a. 凸轮的“上八字”　b. 凸轮的“下八字”

1. 气阀挺杆　2. 进气凸轮　3. 排气凸轮

(3) **气阀正时检查调整**　气阀定时的测量和调整只有在气阀间隙符合要求时才能进行，以消除气阀间隙对正时的影响。

气阀正时的影响因素：①气阀间隙和各传动件之间的间隙。②检修时凸轮轴安装不正确或凸轮磨损过度。造成气阀定时不正确的原因有凸轮磨损、滚轮磨损变形、定时齿轮或链条磨损、气阀间隙太大或太小、凸轮安装不正确、凸轮轴安装不正确。

气阀定时错误会引起换气质量差、柴油机功率不足、冒黑烟、热负荷过高，甚至会发生活塞与气阀相碰撞和柴油机启动不起来等事故。

检查方法：① 手动法：盘车，用手搓动气阀顶杆，确定气阀的开关情况，及时查看飞轮刻度。②千分表法（图 2-33)：前盖板固定 360°刻度样板，指针固定在曲轴上与飞轮刻度对零，千分表万向架固定在缸盖上，千分表指针预先压缩 1～2 mm，盘车，根据千分表指针变化情况确定气阀的开关时刻，及时对照前盖板的指示刻度。

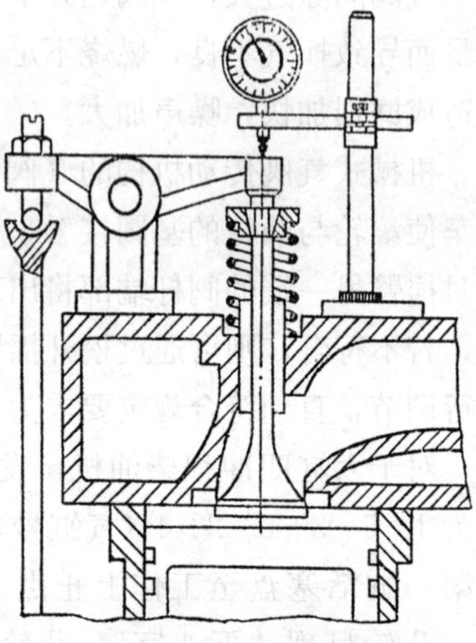

图 2-33　气阀定时检查

调整方法：气阀定时差别不大时，可微调气阀间隙以达到要求，如差别过大，则用以下方法：改变齿轮或凸轮在凸轮轴上的相对位置；改变凸轮轴传动机构啮合位置。采用上述两种方法时，无论是改变齿轮或凸轮在凸轮轴上的相对位置，还是改变凸轮轴传动机构啮合位置，都必须注意如果将齿轮或凸轮顺着凸轮轴或曲轴正车方向旋转一个角度，则正时会减少，如果将齿轮或凸轮逆着凸轮轴或曲轴正车方向旋转一个角度，则正时会增加。同时应注意凸轮轴的 1°等于曲轴的 2°。

(4) 气阀和阀座的研磨和更换　小型柴油机阀座座面损伤时，要用专用工具铰刀修整。气阀阀面损伤时用专用磨床研磨，然后再用细研磨砂对研。研磨后阀面应研出暗色连续等宽度阀线。中、大型柴油机的阀座和气阀都配有专用研磨工具。在阀座换新、使用新的或修理的阀、阀座面损伤时，要用专用工具研磨阀座。为防止研磨面上出现颤痕，磨具或阀壳下要垫橡胶块。

气阀与阀座磨损量超过规定者应予换新，无法修复磨损过大的气阀也应换新。

三、柴油机增压的概述

增压技术在船用柴油机的发展中起到重要的推动作用，它是提高柴油机功率的有效措施，同时对提高经济性也有显著作用。

所谓增压，就是指用提高进气压力来增加充气量，保证更多的燃油完全燃烧，以提高平均有效压力，从而有效地提高柴油机功率。增压是提高柴油机功率最有效的措施，也可提高经济性。

（一）增压的形式

1. 增压的形式

根据驱动增压器所用能量来源不同，增压的基本形式可分为三种，即机械增压、废气涡轮增压和复合增压。

（1）机械增压　柴油机曲轴通过齿轮带动鼓风机，消耗柴油机的功率，只适用于低增压柴油机。

（2）废气涡轮增压　离心式压气机与同轴废气涡轮组成，不消耗柴油机功率，反而利用了废气能量，提高了经济性。

（3）复合增压　既采用涡轮增压，又采用机械增压。根据两种增压器的不同布置方案，可分为串联增压和并联增压。

2. 增压比

按照增压压力可分为低增压、中增压、高增压和超高增压四种增压比范围。

（1）低增压　$p_k \leqslant 0.15$ MPa；

（2）中增压　$0.15 < p_k \leqslant 0.25$ MPa；

（3）高增压　$0.25 < p_k \leqslant 0.35$ MPa；

（4）超高增压　$p_k > 0.35$ MPa。

（二）柴油机废气能量分析及其在涡轮增压器中的利用情况

从热平衡可以看出，柴油机排出的废气具有一定的温度与压力，占燃油发出热量的30%～37%，这部分的热量被排出的废气带走，此部分热量与有效功相当的热量相近。因此研究废气能量的有效利用是增压技术中的重要问题。柴油机采用废气涡轮增压后，由于废气涡轮的存在使柴油机气缸后的压力不是大气压力，而是涡轮前的压力（即排气管中的压力），这样，在废气涡轮中被利用的能量按性质可分为两部分：一部分是以一定的压力和温度形式所表现出的定压能，另一部分是废气从气缸流向排气管时高速流动的动能，由于流速是周期性间歇变动的，故称为脉冲动能。废气能量是脉冲动能和定压动能之和，增压压力越低，脉冲动能所占的比例越大；相反，如增压压力越高，定压动能所占的比例就越大。

（三）废气涡轮增压的两种基本形式

1. 废气涡轮增压的两种形式

根据对废气能量利用方式的不同，废气涡轮增压有定压涡轮增压和脉冲涡轮增压两种基本形式。

（1）定压涡轮增压　把柴油机的排气管连接在一根共用的容积足够大的排气总管上，涡轮就装在排气总管的后面，涡轮前排气管中的压力基本是恒定的。排气总管实际上成了一个集气箱，具有稳压作用。排气所具有的脉冲动能大部分由流过排气阀（口）处的节流作用和进入排气总管时的自由膨胀形成的涡动损失掉，这种能量损失将部分地提高排气温度。如图 2-34 所示。

定压涡轮增压的特点：①废气从排气口至废气涡轮的能量传递过程中能量损失较大，在废气涡轮中做功过程能量损失小。②各缸排气管连接在一根共用的容积足够大的排气总管，涡轮前排气管压力基本恒定。③涡轮工作稳定，效率高，涡轮工作稳定可靠。④低负荷启动时，必须另设辅助泵（大型机）。

（2）脉冲涡轮增压　把全机的排气管进行分组，排气管短而细，直接与一个废气涡轮相连。排气管中的压力是波动的。由于排气管容积小，排气初期冲入排气管中的流速大于从排气管流入涡轮的流速，排气管内压力迅速上升，使排气管内压力接近于气缸压力。随着废气从排气管不断地流入涡轮，排气管内的压力又随之下降，这样就形成脉冲压力波。由于脉冲的存在，有利于柴油机的扫气过程。如图 2-35 所示。

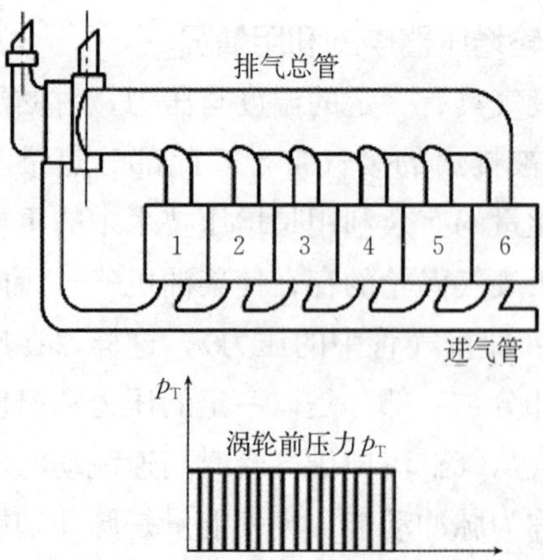

图 2-34　定压增压示意图

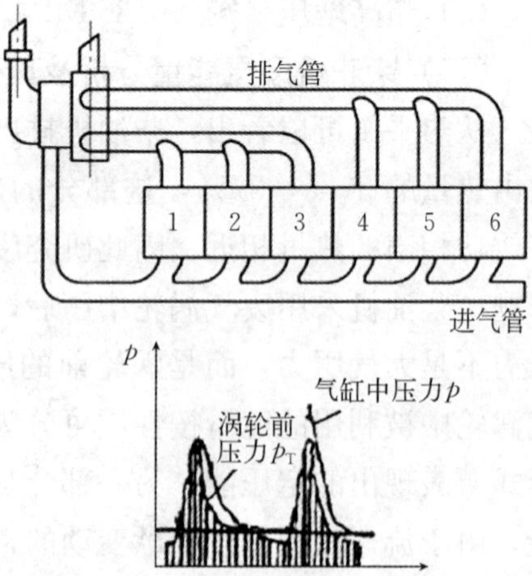

图 2-35　脉冲增压示意图

脉冲涡轮增压特点：①排气管中压力是波动的。②排气管分组，直接与一个或几个废气涡轮相连。③排气管短而细，弯头小，可以减少容积流阻，提高进气压力和流速，除利用定压外，还能部分利用40%～50%的脉冲功能。④废气从排气口至增压器能量传递过程中，能量损失小，在废气涡轮中做功的损失大。

实现脉冲增压的关键在于如何有效利用脉冲功能，与脉冲动能的利用和排气过程及排气管的容积等因素有关，要使排气脉冲压力波建立好，必须具备以下三个条件：①排气过程中排气阀开启应尽可能快，以减少节流损失。②排气压力建立后，紧接着排气管内的压力要下降得快，使活塞在排气冲程的背压小，并充分利用其排气能量。③扫气期间，排气管内压力应尽可能地低，以利气缸扫气和降低热负荷。

脉冲增压排气管分组原则：排气管分组是脉冲增压必须采取的措施。同一组内各缸的排气时间互不重叠，避免排气互相干扰。一般1、2、3缸为一组，4、5、6缸为一组。

根据以上分组原则，可以得出一组中最多气缸数。在二冲程柴油机中曲轴每转过360°各缸完成一个工作循环，扫、排气延续时间可近似地认为120°曲轴转角，因此，为使一个循环内同一组的扫、排气互不重叠，必须保证同一组内各气缸的排气间隔（即发火间隔）为120°曲轴转角，这样，同一组的最多允许气缸数为3（360°/120°=3）。在四冲程柴油机中曲轴每转720°完成一个工作循环，排气延续时间为240°。同样，同一组最多允许气缸数为3（720°/240°=3）。

由此可见，无论是四冲程柴油机还是二冲程柴油机，每组最多只三个气缸。若多于三个气缸，排气就会重叠而产生干扰；若少于三个气缸，虽然不会发生干扰，但由于废气不能连续供应，因而涡轮工作很不稳定，且会发生较大的鼓风损失。

现代船用低速机增压系统基本趋势是采用定压增压系统，附设电动鼓风机以备启动，低负荷使用。

2. 两种增压方式的比较

（1）废气能量利用方面　脉冲增压不但利用了废气的定压能，而且能够有效地利用废气的脉冲动能，脉冲动能中有40%～50%可以得到利用。由于利用了排气的脉冲动能，使柴油机在部分负荷下的性能得到改善，加速性较好。采用脉冲增压的柴油机从废气中获得的能量较多，这是脉冲增压的主要优点。

定压增压只是利用了废气中的定压能，而废气的脉冲动能不能加以利用，因为这部分能量由于排气阀（口）的严重节流和在排气管中的膨胀与涡流而损失掉，所以定压增压系统工作时的加速性能和低负荷性能较差。

(2) 涡轮的工作性能　脉冲增压的涡轮在脉冲气流（压力和速度都是波动的）下工作，使得进入涡轮的气体对叶片产生冲击，增加了损失，涡轮的效率较低。

定压增压的排气总管内废气压力波动小，废气基本上是以不变的速度和压力进入涡轮，涡轮工作稳定，效率较高。

(3) 增压系统的布置　脉冲增压要求排气管尽量短而细，光滑且弯头少，增压器应尽量靠近排气口处等，给系统的布置带来不便且排气管拆装检修也不方便。

定压增压排气总管布置比较简单，只需设置一根容积足够大的排气总管，增压器布置不受限制。

(4) 管理上的要求　脉冲增压的增压器离排气阀（口）很近，涡轮上叶片易污损，活塞的碎片及燃气中的炭粒等容易损伤涡轮中的零件，且脉冲增压对气阀（口）正时和气口的清洁度较敏感，而定压增压则不敏感。

对于中、低增压柴油机，为了能更多地利用废气能量，所以采用脉冲增压。

对于高增压柴油机，因为脉冲增压在利用废气能量方面的优点不突出，而在结构布置、效率等方面缺点突出，所以采用定压增压。

(四) 废气涡轮增压器的结构

废气涡轮增压器的结构形式繁多，图 2-36 为在船用柴油机中应用比较多的 VTR－4 系列增压器的结构剖视图。VTR 型增压器共有四个产品系列，它能满足 200～37 000 kW 范围内柴油机的匹配要求。

1. 废气涡轮的结构

通常由涡轮进气壳、喷嘴环（喷嘴内环、外环、喷嘴叶片形成的流道从进口到出口呈收缩状，图 2-37）、工作叶轮（图 2-38）、涡轮排气壳组成。

2. 废气涡轮的工作原理

具有一定压力和温度的气缸排气以一定的流速流入喷嘴，在喷嘴的收缩形流道中膨胀加速，压力和温度下降而流速增高，部分压力能转换为速度能。从喷嘴出来的高速燃气进入叶轮叶片间的流道时，气流被迫转弯，由于

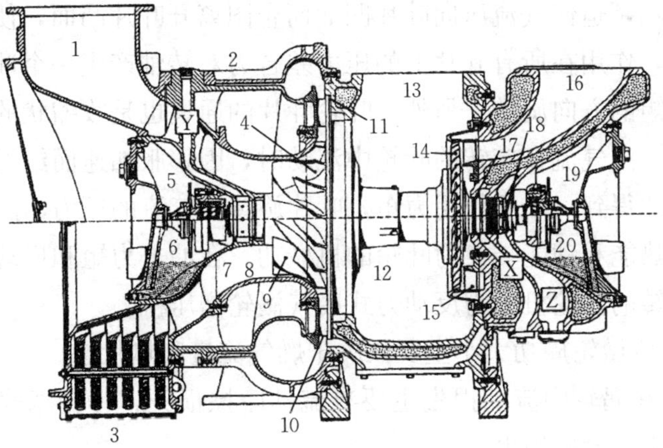

图 2-36　VTR－4 系列增压器的结构剖视图

1. 进气箱　2. 排气蜗壳　3. 进气消音器　4. 压气机叶轮　5、19. 滚动轴承　6、20. 滑油泵　7、18. 油封　8、11、17. 气封　9. 压气机导风轮　10. 扩压器　12. 隔热墙　13. 涡轮排气壳　14. 涡轮机叶轮　15. 喷嘴环　16. 涡轮进气壳　X、Y、Z. 通道

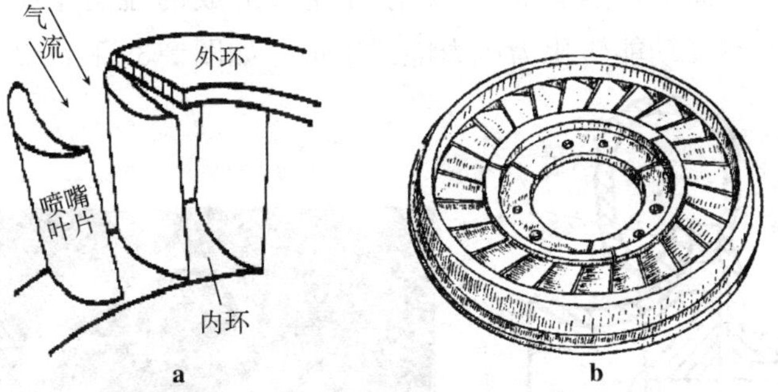

图 2-37　喷嘴环

a. 喷嘴内环、外环、喷嘴叶片形成的流道　b. 喷嘴环外形

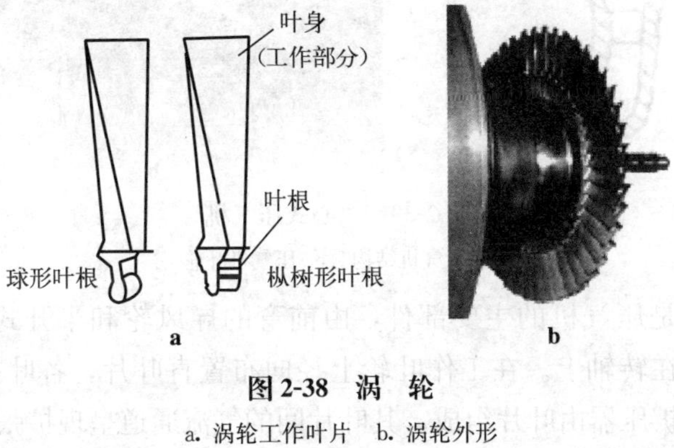

图 2-38　涡　轮

a. 涡轮工作叶片　b. 涡轮外形

离心力的作用，迫使气流压向叶片凹面而企图离开叶片凸面，使叶片凹凸面产生压力差，作用在所有叶片上的压力差合力对转轴产生一个冲击力矩，使叶轮沿该力矩的方向旋转。另外，叶轮叶片的通道也是收缩状的，燃气在其中继续膨胀。当气流在旋转的叶轮中流动时，因膨胀加速而给涡轮一个反作用力，使叶片得到一个反作用力矩，叶片旋转。气流的压力、温度和速度降低，燃气的热能和动能转换为叶轮的机械功。在冲击力矩和反动力矩两种力矩作用下回转的涡轮机称为反动力式废气涡轮增压机。

① 燃气所做轮周功大小主要取决于燃气流量和热状态。

② 燃气在涡轮中流动损失主要有流动摩擦损失、叶轮摩擦损失、漏气损失和叶片进口撞击损失。

③ 燃气作用在流道内产生旋转力和轴向推力，方向指向压气机，所以压气端必须装推力轴承。

3. 压气机结构

由进气道（滤器、消音器）、工作叶轮（形成的流道呈扩张形）、扩压器、蜗壳（将空气动能转化为压力能）组成。如图 2-39 和图 2-40 所示。

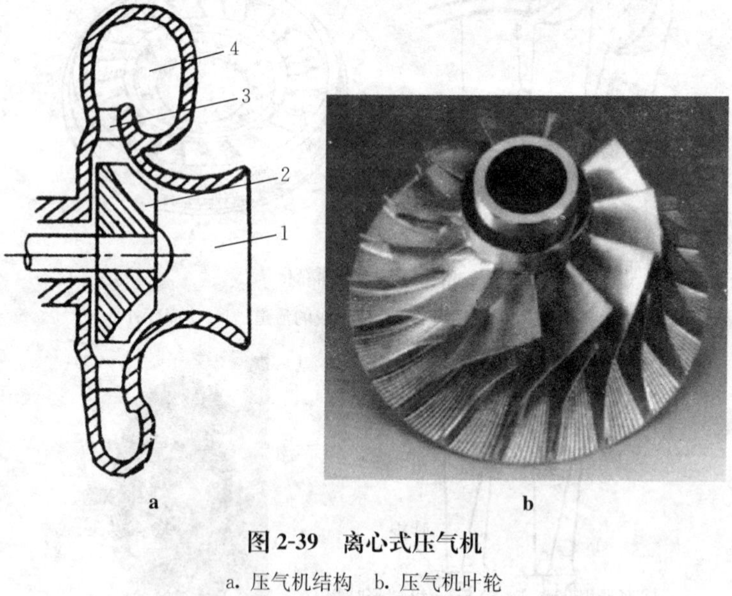

图 2-39　离心式压气机

a. 压气机结构　b. 压气机叶轮

工作叶轮是压气机的主要部件，由前弯的导风轮和半开式工作轮组成，两部分分别装在转轴上。在工作叶轮上径向布置直叶片，各叶片间形成气流通道。叶片式扩压器由叶片组成，其叶片间的气流通道呈现扩张形。一个工作叶轮与相邻的扩压器组成一个级。排气蜗壳呈蜗牛状，其流道截面从小到大。

4. 压气机的工作原理

图 2-40 叶片扩压器

空气沿进气道进入工作叶轮的气流通道，在工作叶轮旋转时，空气因离心力而受到压缩，被抛向工作轮外缘（离心式），使空气的压力、温度和流速分别增加，空气流经扩压器由于扩压作用（因流道面积增大，气流速度下降而压力、温度上升）将空气的动能转换为压力能。在排气蜗壳中，空气的动能继续转换为压力能。

压气机中的损失主要有：①空气流动损失（取决于流速与流道阻力）；②叶轮轮盘的摩擦鼓风损失（取决于空气流量）；③轴承摩擦损失和空气撞击损失。

压气机叶轮作用：使空气的压力、温度增高而流速下降，将轴的机械能转变为空气的动能和热能。

扩压器作用：使空气的压力、温度增加而流速下降，将空气中的动能转变为压力能。

（五）废气涡轮增压器的拆装及间隙调整

1. 废气涡轮增压器的拆装

涡轮增压器拆装前应仔细阅读说明书，熟悉内部结构、零部件的装配关系，分析拆装程序及所需要的专用工具，切不可盲目从事。某船在拆装增压器时曾发生过将增压器三大壳体连接螺钉松脱后即硬敲硬拆，几乎损坏增压器的事故，这是对增压器内部结构、零部件的装配关系不熟悉的典型反映。

拆卸时，注意选用恰当的工具及专用工具，用力得当，不能破坏零部件的精度、光洁度及密封件的密封性，应特别注意可拆零部件的相对位置，切不可随意改动，轴上的零件也不允许随意更换，以免破坏转子动平衡精度和与固定件之间的配合间隙，各工作表面应仔细清洗、检查，并作必要的修复。组装时，应特别注意主要装配间隙及这些间隙的调整办法。

2. 废气涡轮增压器的间隙调整

增压器是高温下高速回转的精密机械，为了保证正常运转，必须严格控制运动件与固定件之间的配合间隙。间隙太小，引起摩擦，如叶片与壳体、密封装置与壳体相碰，轻则损坏零件，重则造成严重的事故；间隙过大，漏气损失增大，使增压器的效率大大降低。以图 2-41 涡轮增压器为例，说明其间隙检查和调整的一般方法。涡轮增压器的主要装配间隙的位置与含义如图 2-41 所示。

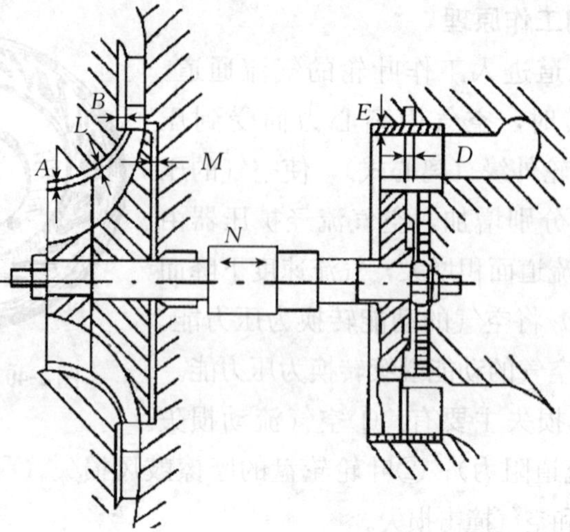

图 2-41　增压器的装配间隙

A. 压气机端导风轮与壳体的径向配合间隙　*B*. 扩压器与壳体的轴向配合间隙
L. 压气机叶轮前面与壳体之间的间隙　*M*. 压气机叶轮背面与封板之间的轴向间隙
D. 轴流式涡轮叶片与喷嘴叶片之间的轴向间隙　*E*. 轴流式涡轮叶片与喷嘴外环之间的径向间隙
N. 转子轴向串动量或称转子轴向热膨胀量

上述间隙中以压气机叶轮前后的间隙 L 和 M 为重要（对径流式涡轮增压器还应重视涡轮叶片前后间隙）。此外，推力轴承有一允许的轴向间隙，它也影响到 L 和 M 的数值。所以对轴流式涡轮增压器应着重检查压气轮叶轮前后的间隙和推力轴承处轴向间隙。

(1) **推力轴承轴向间隙（N）的检查**　拆去两端油室盖板，然后分别对转子轴施加两个方向的轴向力，使转子轴处于两个极端位置。与此同时，用百分表或深度游标尺从压气机轴端测量轴向移动量，此移动量即为推力轴承轴向间隙，应在 0.13～0.18 mm 范围内。

(2) **压气机叶轮前后间隙（L 和 M）的检查**　压气机叶轮前后间隙的检查方法如图 2-42 b 所示。

① 在转子轴不受轴向力时，测出图示之 K 值，如图 2-42a 所示。

② 将压气机端轴承壳的连接螺钉旋出约 5 mm，从涡轮端对转子轴施一轴向推力，使间隙 L 消失，再测出一个 K_1 值，则 $L=K-K_1$，如图 2-42b 所示。

③ 拆出压气机端转子轴上的两个螺母 4 和 5，再将甩油盘 6 拆掉，在涡轮端对转子轴施一轴向拉力，使间隙 M 消失，再测出一个 K_2 值，则 $M=K_2-K$，如图 2-42c 所示。

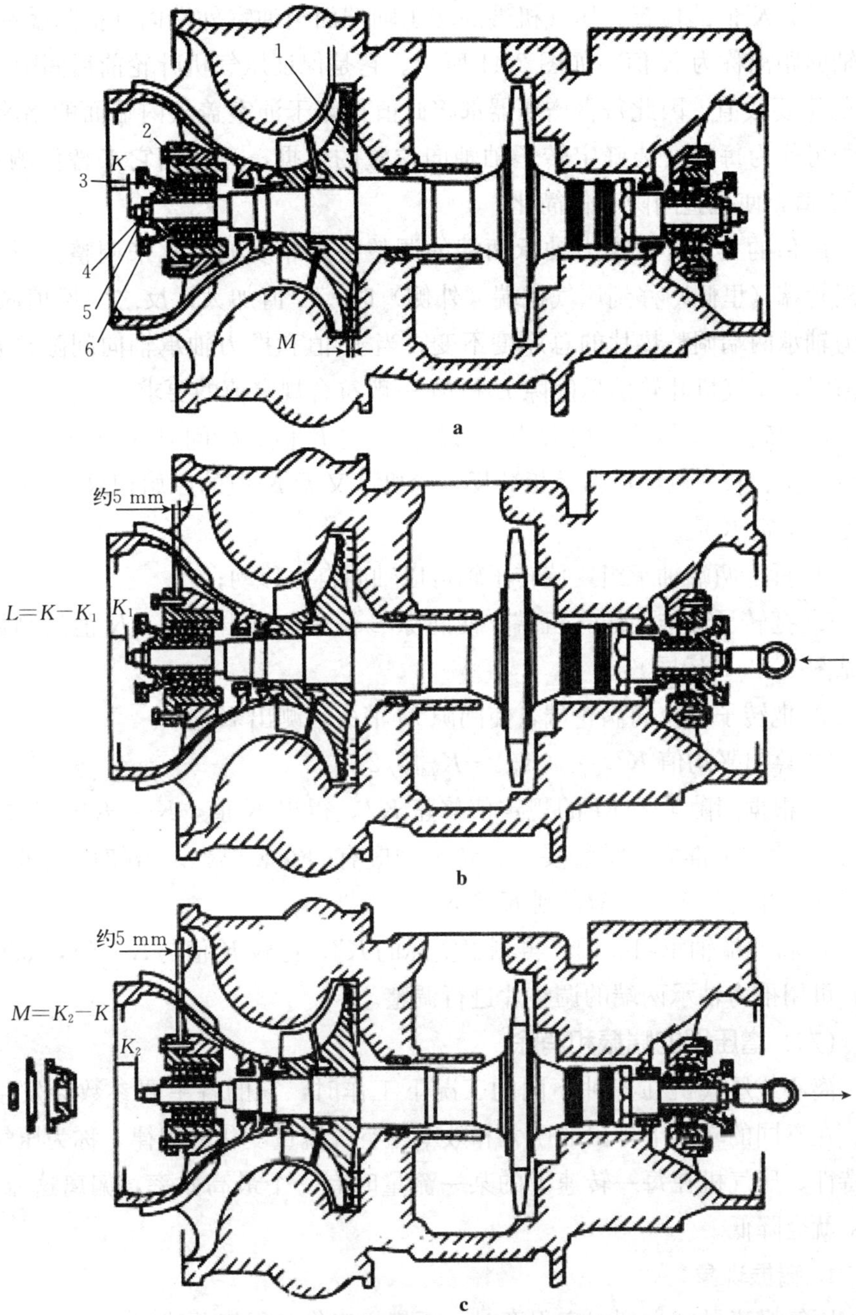

图 2-42　VTR 型增压器校中测量

a. 转子轴不受轴向力时，测 K 值　b. 连接螺钉旋出约 5 mm 时，测 K 值

c. 涡轮端对转子轴施一轴向拉力，使间隙 M 消失，测 K 值

1. 压气机叶轮　2. 连接螺钉　3. 止推轴承　4、5. 螺母　6. 甩油盘

（3）K 值的检查　压气机端的转子轴端面至油室外端面（拆除盖板后）的轴向距离称为 K 值，如图 2-41 所示。它是保证压气机叶轮前后间隙 L 和 M 的重要数值，因此每台增压器都将此值打印于油室盖板内端面的铭牌上。它既可作为每次安装确定转子轴轴向位置的依据，又可用它来替代测量 L 和 M 值，使检查间隙工作简化。

K 值的大小可由推力轴承两端的调整垫片厚度的变化来调整。当垫片由涡轮端（里侧）移到压气机端（外侧）时，K 值加大；反之，K 值减小。推力轴承两端调整垫片的总厚度不变。当 K 值和推力轴承轴向间隙符合规定值时，压气机叶轮前后间隙 L 和 M 一般符合规定值的要求。

（4）确定 K 值的一般方法　当盖板上的 K 值有疑问时（例如，某船检修后将左、右主机增压器盖板装反，轮机部又无 K 值的原始记录），可用下述方法确定 K 值。

① 拆下两端轴承组，使转子轴可以轴向自由移动；

② 把转子轴推向压气机端，使间隙 L 消失，测出 K_{min}（K 值的测量部位见图 2-42a，后同）；

③ 把转子轴拉向涡轮端，使间隙 M 消失，测出 K_{max}；

④ 算出平均值 $K' = (K_{min} + K_{max})/2$；

⑤ 根据间隙 L 和 M 的规定值修正 K'，得出 K 值，$K = K' + (L - M)$。K 值即为推力轴承装妥后，转子轴应有的安装位置。若使压气机叶轮前后间隙相等，即 $L=M$，则 $K = K'$；

⑥ 将两端轴承组装回，再测出实际的 K''；比较 K 值与 K'' 值，如有差值，可用推力轴承两端的调整片进行调整。

（六）增压器的喘振和消除

离心式压气机在各种不同的工况下工作时，它的各主要参数会发生变化。在不同的转速下排出的压力和效率随空气流量变化的规律，称为压气机的特性。压气机在每一转速下的某一流量时有一个最高效率，偏离这流量，效率就会降低。

1. 喘振现象

压气机流量减少到一定程度时，压气机工作变得极不稳定，流过压气机的气流开始产生强烈的脉冲，排出压力忽高忽低，瞬时排量忽正忽负，压气机产生强烈振动，并发出沉重的喘息声或吼叫声。

2. 喘振的原因分析（图 2-43）

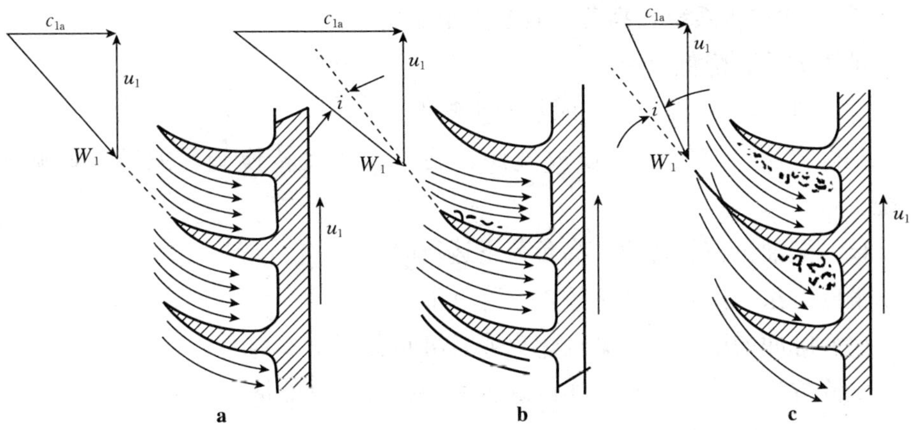

图 2-43　空气在压气机叶片前缘附近的流动情况

a. 压气机流量＝设计流量　b. 压气机流量＞设计流量　c. 压气机流量＜设计流量

C_{1a}. 气流的轴向分速　u_1. 压气机圆周速度　W_1. 气流相对速度

i. 气流进入叶轮方向与叶片中心线夹角

（1）当压气机流量＝设计流量时　气流进入叶轮方向对准叶片中心线，无撞击（图 2-43a）。

（2）当压气机流量＞设计流量时（图 2-43b）

① 气流冲击叶轮进口叶片的凸面，而凹面产生气流分离现象。

② 叶轮向前转动，使气流分离现象减弱，降低了压气机效率，不会引起喘振。

（3）当压气机流量＜设计流量时

① 气流将冲击叶片进口端叶片的凹面而在凸面产生气流分离现象。

② 叶片向前转动，进一步扩大这种分离现象。

③ 当流量小于某一临界流量时，产生激烈的气流旋涡，降低压气效率，压气机喘振。

喘振机理结论：高背压、小流量，引起气流分离，造成喘振。

3. 喘振原因及消除方法

（1）增压系统流道堵塞　导致压气机背压升高，流量减少，引起喘振。

消除方法：清洁流道及相关部件。

（2）增压系统与柴油机配合工作失调

① 单独增压系统：低负荷时易产生喘振。

消除方法：清洁气口、空冷器，保持流道畅通，提高负荷。

② 串联增压系统：高负荷时易产生喘振。

消除方法：降低负荷。

③ 并联增压系统：低速时易产生喘振。

消除方法：扫气箱中设放气阀，装串、并联转换阀，采用并联喷射系统。

(3) 柴油机在低转速、高负荷下运行时

消除方法：排除柴油机故障，降低油门。

(4) 脉冲增压系统中某缸熄火或各缸负荷严重不均

消除方法：使熄火缸工作或减少另一组气缸供油量。

(5) 运行中暂时失配

① 高转速下停车：主机运动部件质量大，轴系桨阻力大，很快停车；增压器转子转动惯量大，停转慢，高背压。

② 主机加速过快：主机运动部件质量大，转速上升慢，增压器转子质量小，转速上升快，暂时失配。

③ 风浪天飞车：并联增压系统，单独增压系统发生喘振。串联增压系统不发生喘振。

(6) 环境温度变化　温度高，空气密度变小，流量减少，发生喘振。

（七）增压系统的故障及排除

1. 增压器喘振

详见前述。

2. 轴承烧毁

原因：滑油压力过低，供油不足或断油，滑油过脏和油中混入金属屑。

特征：增压器转速急剧下降，增压压力下降，滑油出口温度升高，并出现异常声音。

3. 增压器强烈振动

① 喘振引起：消除喘振。

② 烧重油和长期燃烧不良时，喷嘴环及叶轮上附着氧化物，结炭和燃烧产物在叶片上分布不均，破坏原有平衡，造成增压器振动。

排除方法：改用轻油，及时调整检修喷油设备和清洁叶轮。

③ 叶片断裂，叶轮损坏，外来物撞击或叶片疲劳裂纹。

应急方法：切掉断叶对称部分叶片。

④ 装配调整不当，或轴承运转磨损，使转子与固定件摩擦，引起增压

器强烈振动。

排除方法：重新装配，更换轴承。

4. 增压压力下降

(1) 柴油机方面原因　喷油提前角大，排气开启提前角小，活塞环漏气，导致废气能量较少。

(2) 增压器方面原因

① 气道流道积垢，轴封、气封、扫气箱漏气、中冷器脏堵或漏气。

② 喷嘴环高温变形，流通面积大、膨胀接头涡轮轴封漏气，导致涡轮中可利用废气能量较少。

③ 轴承故障，摩擦阻力过大造成转速过低。

④ 空气滤器压降超过 0.98 kPa，中冷器压降超过 1.96 kPa 就应清洗。

⑤ 增压压力下降的主要原因是废气涡轮和压气机流通部分脏堵。需要经常清通。

5. 增压压力升高

主要原因是柴油机超速。

6. 轴承箱中滑油很快变黑和漏失

原因：排气漏入轴承箱，密封平衡空气失效，密封衬套间隙过大，轴承箱压力过高，轴承箱盖板螺栓松动。排除方法是相对应修理。

7. 涡轮壳体腐蚀穿孔

(1) 冷却水侧穿孔　由于水的冲击和电化学腐蚀。排除方法：加锌板。

(2) 燃气侧穿孔　由于低温硫腐蚀造成。排除方法：控制冷却水温。

（八）增压器的日常维护管理

废气涡轮增压器是高速回转的机械，也是柴油机中转速最快的机械，所以其动平衡性能尤其值得时常注意，运行中要注意其运转的平稳性、有无异常的声响。此外还要注意：

1. 运行中测量，记录各主要运行参数

这些参数包括压力、温度、油位、转速、压差计读数，检查这些参数是否正常。

2. 检查增压器

用金属棒细心倾听增压器中有无异常声音，运转是否平稳，若有钝重“嗡嗡”声，则说明转子不平衡。

3. 特别注意轴承润滑

(1) 对于采用强制润滑系统　应经常检查滑油油位、油质、进口压力和出口温度、循环油泵工作情况及滤器前后的压差、观察镜中的油流情况。

(2) 对于采用飞溅润滑系统　应经常查油池油位、油质及油的回流情况。

4. 停转时间过长（>1 个月）增压器的检查

定期将转子转动一个位置，防止轴弯曲变形。重新使用时，应采用压缩空气启动，使之短时间转动，用金属听诊棒听运转声间是否有平稳、杂音、卡滞现象。

5. 拆装时，应注意拆装顺序及专用工具的使用

拆卸时要注意可拆零件的相对位置。组装时要注意装配间隙的调整。

6. 增压器清洗

定期清洗和拆洗。运转中清洗，不能代替拆洗。清洗周期为每周一次。

(1) 涡轮水洗　在低负荷下进行，每次清洗时间 10 min，洗后应在低负荷下转 5～10 min，便于干燥。

(2) 涡轮干洗　全负荷时效果最好，低于 50%负荷不可干洗，喷入涡轮的颗粒直径为 1.5 mm。

(3) 压气机水洗　运转中清洗，全负荷下进行，4～10 s 内喷入压气机内一定数量水。

喷水后要全负荷运转规定的时间，起到干燥作用。清洗后要及时清洗空冷器。

7. 增压器损坏后应急处理

① 如条件不允许停车，发生故障后首先采取降速运转，将柴油机转速降至机器无明显振动的区域，维持全部气缸继续工作。

② 锁住转轴并使柴油机保持运转：当允许停车时间短，需马上恢复运行时采用。

③ 拆除转子，安装专用的封闭装置将壳体两端封住：允许停车时间长时采用。

④ 采用措施后，涡轮进、排气箱继续用水冷却。对强制润滑系统应切断滑油供应。

⑤ 降低柴油机负荷，控制排温不超过标定负荷时的温度，注意观察排气颜色，防止冒黑烟。

四冲程增压柴油机在停止增压器运行后，相当于非增压柴油机。其工作指标与运转参数变化很大。除应大大降低运转转速外，如运行时间很长，最好将增压器转子取出，同时将进、排气管转用旁通管系，并适当调大压缩比以降低排气温度。

⑥对于二冲程增压柴油机，因其增压系统及换气条件比四冲程柴油机复杂，可根据不同机型采取启动电动鼓风机、扫气箱加横隔板、直接从机舱吸气（打开扫气箱上的入孔盖）、排烟管旁通等有效方法以维持柴油机运转。同时，抽出转子后应停止增压器滑油的供给。

8. 及时清洁空气冷却器（中冷器）

增压系统中，中冷器的作用主要有两个：其一是降低增压空气温度，增加空气密度，提高气缸进气量以增大功率；其二是降低气缸平均温度，以降低气缸热负荷。

空气冷却器是增压系统中的一个重要设备，运行中极易发生空气流道污堵现象，影响空气的流通，引起燃烧恶化，尤其是当外界气温升高时更为明显。所以，在船舶停靠期间应用防尘罩将消音器滤器盖上，特别是装卸粉尘较多的货物时还要考虑将机舱的通风机停掉，将通风口关闭，防止大量灰尘被吸入机舱。同时应尽可能减少运转中设备的跑、冒、漏、滴现象，以免大量油气充斥机舱被吸入压气机。当发生空气冷却器污堵时，轻者可采用清水和清洁剂交替喷射的方法经常冲洗。污堵严重时可实行不解体浸湿法清洗。方法是：用清水和清洗剂以一定比例混兑，注满底部装上盲板的空冷器，同时不断用空气吹搅。或将空冷器滤器拆下用清洁的柴油或煤油浸泡一定时间后，再用热水加清洁剂反复冲洗。此外，按说明书要求定期解体清洁。另外，对于增压器压气机叶轮也要及时或定期加以清洁，清洁时不可用钢丝刷或钢锯片等硬物刮刷压气机叶轮，以免在叶轮表面留下伤痕造成裂纹，可用干净的刷子蘸着清洁的柴油或煤油清洗，应注意清洗后一定要用压缩空气吹干叶轮或流道中可能留下的油迹，防止运转中发生危险事故。

第五节　柴油机的特性

一、渔船柴油机的工况和运转特性的基本概念

1. 渔船柴油机的运转工况

柴油机在各种不同条件下运转的工作状况（功率和转速）称为柴油机运转工况。柴油机由于用途和使用条件不同，它在实际运转中的工况变化可分

成以下三类。

(1) 发电机工况　其工作特点是要求转速恒定，以保持供电电压和频率稳定。在这个恒定的转速下，功率可在零至最大值之间变化，其大小取决于用电情况，如图 2-44 直线 1 所示。

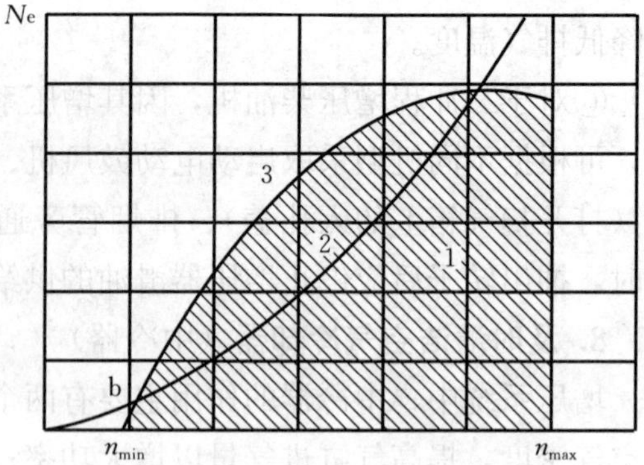

图 2-44　各种用途柴油机的工况范围

N_e. 柴油机各转速下发出功率　n_{min}. 柴油机最低稳定转速　n_{max}. 柴油机最高转速

(2) 螺旋桨工况　柴油机转速与螺旋桨转速一致（或是倍乘关系），稳定运转时，柴油机发出功率与螺旋桨吸收功率相等。因此柴油机的工况变化规律取决于螺旋桨特性，如图 2-44 曲线 2 所示。

(3) 其他工况　柴油机的转速和扭矩之间没有一定的关系，此类工况的功率和转速都独立地在很大范围内变化。柴油机在这类工况运行时，它的功率与转速之间没有一定的关系，对于船舶主机，当航行条件和运行状态发生变化时，如海面情况、气象情况、航区、装载、船舶污底及船舶转向等，即船舶阻力发生变化时，通过螺旋桨影响主机的功率和转速。使发动机在一定负荷和一定转速范围内的任何工况下工作，即在同一转速下可有不同输出功率，在同一功率下可有不同转速，运转范围较广，如图 2-44 阴影线所示区域，这种工况常称为面工况。

2. 柴油机特性的基本概念和研究特性的目的

(1) 柴油机特性的基本概念　柴油机的主要性能指标和工作参数（如排气温度 t_r、最高爆发压力 p_z、增压压力 p_k 等）随运转工况变化的规律称为柴油机的特性。把这种变化规律在坐标上用曲线的形式表示出来，这种曲线称为柴油机的特性曲线。

(2) 研究特性的目的　①评价柴油机的性能；②确定柴油机工况；③分析影响特性的因素；④检测柴油机的状态。

二、速度特性的概念

将喷油泵油量调节杆固定在某一位置，改变柴油机外负荷以改变其转速，测量各转速下的功率 N_e、扭矩 M_e（或平均有效压力 p_e）、有效耗油率 g_e 和排气温度 t_r 等随转速的变化规律。

根据喷油泵油量调节机构的固定位置的不同（即喷油泵柱塞有效行程的不同），也即每循环的供油量不同，柴油机的速度特性可分为全负荷速度特性、部分负荷速度特性和超负荷速度特性。

1. 全负荷速度特性（额定外特性）

把喷油泵的油量调节机构固定在相当于柴油机在额定转速下发出额定功率的供油量位置上，逐步改变转速，测取在各个转速下柴油机发出的功率及各主要性能参数，由此得到的这些参数随转速变化的关系称为全负荷速度特性。

2. 部分负荷速度特性（部分外特性）

在额定转速下，分别将油量固定在额定功率的 90%、75%、50%时，测量其速度特性，称为柴油机的部分负荷速度特性或部分外特性。它表示船舶在低速航行和机动操纵时，主机的工作情况。

3. 超负荷速度特性（超额功率外特性）

超额功率为额定功率的 110%，必须保证柴油机在超额功率下至少连续运行 1 h 而不冒黑烟。在额定转速下，逐渐增加柴油机的负荷和油量，使之达到额定功率的 110%。此时把油量固定，稍微增加柴油机的负荷，在低于额定转速的不同转速下运转，分别测定其功率及主要性能参数，这种变化关系称为超负荷速度特性。

三、负荷特性的概念和负荷特性的参数分析

1. 负荷特性的概念

柴油机负荷特性是指当转速保持不变时，柴油机的各性能指标和工作参数（如机械效率 η_m、指示热效率 η_i、有效效率 η_e、指示功率 P_i、有效功率 P_e、过量空气系数 α、有效油耗率 g_e、排气温度 t_r、最高爆发压力 p_z、增压压力 p_k 等）随负荷的变化而变化的规律称为柴油机的负荷特性。负荷特性曲线，如图 2-45 所示。

2. 柴油机按负荷特性工作时主要工作参数的变化规律

① 有效功率 P_e 为过原点的直线。

② P_e 增加，η_m 增大，空车时 $\eta_m=0$。

③ P_e 增加，η_i 和 α 均降低。

④ P_e 增加，η_e 先期增加，后期降低。所以必在运转范围内出现最大 η_e。

⑤ 燃油油耗率 g_e 与 η_e 成反比，一般在低于 $P_e/P_b=1$（P_e，有效功率；P_b，标定功率）的某一负荷下有一最小值。

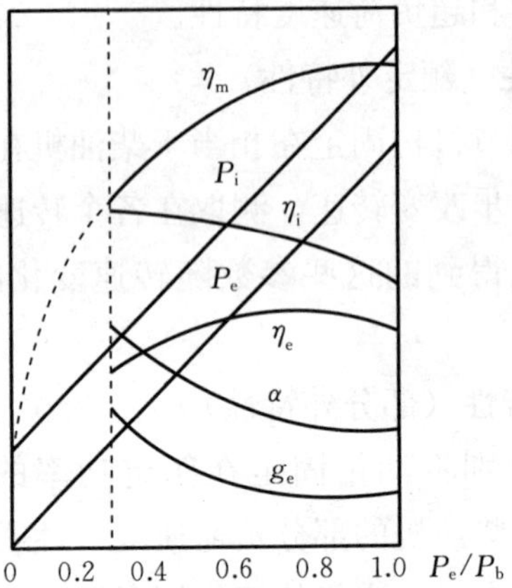

图 2-45　负荷特性曲线

四、推进特性的概念和推进特性的参数分析

1. 推进特性的概念

柴油机按照螺旋桨特性工作时，各性能参数随转速变化而变化的关系，称为柴油机的推进特性。如图 2-46 所示为螺旋桨特性曲线图。

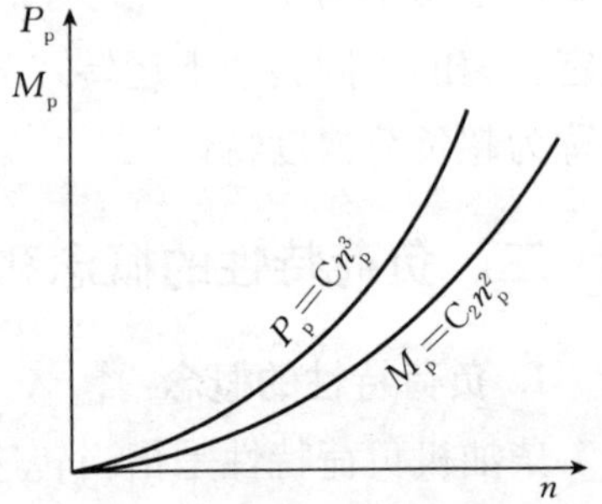

图 2-46　螺旋桨特性曲线图

P_p，螺旋桨吸收功率；M_p，螺旋桨转矩；n_p，螺旋桨转速。

2. 柴油机按推进特性工作时主要工作参数的变化规律

由于螺旋桨所需的功率（P_p）与转速的三次方成正比，主机带动螺旋桨工作，就必须满足螺旋桨的功率要求，根据主机的功率与螺旋桨所需的功率相等的原则，主机的功率 P_e 与转速 n 的关系也是三次方的关系，即 $P_e=P_p=Cn^3$。

五、柴油机的限制特性

为保证柴油机可靠工作，对机械负荷和热负荷都要加以必要的限制，既

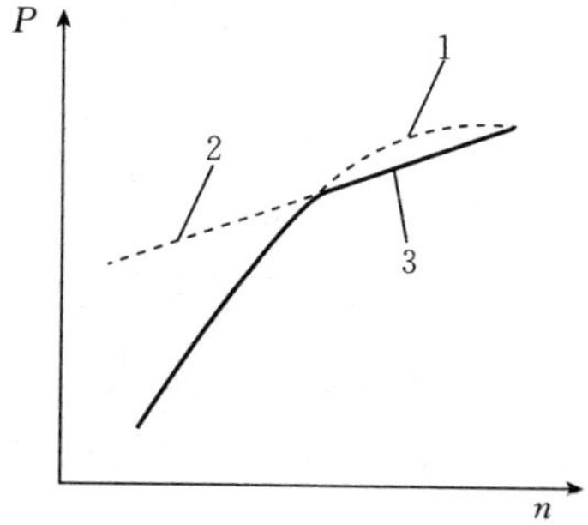

图 2-47 柴油机的限制特性
1. 等排温限制特性 2. 等转矩限制特性
3. 限制特性

要防止超功率，也要防止超扭矩；既要防止超转速，也要防止超温度。实现上述限制的理论手段即为柴油机的限制特性。如图 2-47 所示。

限制特性是指柴油机在各种转速下的最大有效功率，使柴油机的机械负荷和热负荷均不超过许用的范围。它是速度特性的一种。柴油机按限制特性工作时，不同转速下喷油泵的每循环供油量需要根据限制条件作相应的调整。

按柴油机的类型不同，在确定其运转范围时，可把最高爆发压力 p_z、平均有效压力 p_e、曲轴转矩 M_e、过量空气系数 α、排气温度 t_r 及涡轮增压器转速 n_T 等参数作为限制因素。其中较常用的是 M_e、α 和 t_r。

1. 等转矩限制特性（限制机械负荷）

船用柴油机在各种转速下保持标定功率 N_b 和标定转速 n_b 下的标定扭矩 M_b 不变时，功率和转速的变化关系称为等转矩限制特性。

等转矩限制特性曲线是一条通过坐标原点和标定工况点的直线，当柴油机在这条直线以下工作时，可保证轴系的机械负荷都不超过允许值。图 2-47 中直线 2 即为等转矩限制特性曲线。

2. 等排温限制特性（限制热负荷）

柴油机在各种转速下的过量空气系数 α 都等于标定工况下的 α_b，则热负荷不超过标定工况点水平。

但柴油机在实际运转中的 α 值难于测量，同时保持 α 值不变是困难的，而排气温度是可测量的并能在一定条件下反映出柴油机的热负荷，因此常用排气温度作为限制热负荷的一个参数。图 2-47 中直线 1 即为等排温限制特性曲线。

柴油机的限制特性是对机械负荷和热负荷两个方面的限制。等转矩限制特性和等排温限制特性是不一致的。柴油机在标定转速 n_b 下降初期以转矩作为主要限制参数，后期则以排气温度作为主要限制参数。图 2-47 中折线 3 即为限制特性曲线。

六、柴油机和螺旋桨的配合

1. 机桨匹配的一般原则

作为船用主机的柴油机是与螺旋桨配合工作的。不考虑传动损失，柴油机发出的功率就等于螺旋桨的吸收功率。对于一台既定的柴油机，必须选配一个合适的螺旋桨。柴油机与螺旋桨正确配合的一般原则是：即使柴油机的功率得到充分利用，又使柴油机的功率在全部运转范围内部都不会超出允许值。

（1）选配合适　此时柴油机在标定转速下运转，其功率完全被螺旋桨吸收，柴油机的功率可完全被利用。

（2）选配“过重”　如果选配的螺旋桨 H/D 较大，此时虽然柴油机高压油泵油量调节机构在标定供油量位置，但功率和转速都没有达到标定值，柴油机的做功能力未充分发挥。若要柴油机达到标定转速，则需要进一步增大循环供油量，此时柴油机的功率已超过标定功率，柴油机处于超负荷状态。这种情况称为螺旋桨配得“过重”。

（3）选配“过轻”　如果选配的螺旋桨 H/D 较小，此时柴油机虽然在标定转速下运转，但所发出的功率远远小于标定功率，即所谓的螺旋桨配得“过轻”。同样柴油机的做功能力未得以充分发挥。

因此，螺旋桨配得“过重”或“过轻”都是不正确的。

2. 变工况时的机桨配合

当船舶阻力增加（重载、污底、逆风、顶浪、浅水区、狭水道等）或运动状态改变（系泊、起航、加速、转弯、倒航等）时，主机油门不变，则主机无法保持原转速，只能沿全负荷速度特性线降速运行。

当船舶阻力减小时，此时若主机油门不变而仍按全负荷速度特性工作时，则柴油机的转速和功率均大于额定转速和额定功率。在这种情况下，柴油机的热负荷并不算太高，但由于超转速而降低了机械效率和增加了机械负荷（主要由运动件惯性力增加而引起）。为了使转速不致过高，主机应在部分负荷速度特性下工作，此时柴油机不能发出其全部功率。

3. 选配螺旋桨时的功率储备

柴油机的标定功率是在标定条件下，在试验中得到的最大持续运转功率。但在实际运转中有各种引起柴油机超负荷的因素。

为了使船舶在营运中有低的燃油消耗，一方面，必须尽可能使主机发出额定的功率与扭矩，以使船舶获得足够的推力与航速，提高船舶营运率；另一方面，又要考虑在各种运转条件下存在能引起主机超负荷的各种因素（如船体污损、海面状况变化、航区及各种航行条件的变化），以及柴油机使用一段时间后不可避免的功能恶化等因素，需要使柴油机在某个较低的功率下与螺旋桨配合。

特别是对于中、高速增压柴油机，因柴油机本身的热负荷与机械负荷均较高，柴油机的工作潜力较小，如考虑到船体污底、航区、航行条件等的变化影响，为了防止运行中超负荷，需要在选配时适当留有一定的功率储备。

功率储备量的大小与采用的机型、船型、船的用途、船舶航区等很多因素有关，一般由船厂和船东具体商定。功率储备可分为两部分：

（1）发动机工作储备 主要考虑到柴油机在海上工作环境与确定柴油机标定功率时的工作环境不同，为了确保柴油机安全可靠地工作，延长维修间隔和使用寿命，发动机在船上使用的持续服务功率比标定功率要低。两者的差值为发动机工作功率储备。

（2）船体工作储备 船体表面由于附着海生物和受到腐蚀及海面风浪、航道变窄变浅等因素引起船体阻力增加。为了使船舶在各种航行条件下发动机不超负荷，发动机在船上使用的持续服务功率比标定功率进一步降低。由于考虑船体工作中阻力增加而留有的功率储备称为船体工作储备。

4. 柴油机的功率和转速使用范围

为了使船用柴油机经济、稳定和可靠地工作并具有较长的寿命，必须对运行时可能达到的功率和转速作适当的限制，确定一个允许的运转范围。

（1）最大功率限制 在不同条件下，柴油机的最大功率分别由超负荷速度特性曲线、全负荷速度特性曲线及限制特性来限制。在运行中柴油机在各种转速下所允许达到的最大功率一般限制在限制特性线以下。柴油机在各种转速下功率如果超过这些特性所规定的上限值，其经济性和可靠性将显著下降。

（2）最小功率限制 柴油机最小功率由最低负荷速度特性曲线来限制。这是因为柴油机在过小负荷下工作时每循环供油量太小，而且各缸的供油量在此情况下将变得很不均匀，导致各缸功率显著不均，甚至个别缸不喷油或不发火，造成柴油机运转不稳定。同时还会导致低温腐蚀加剧。

（3）最高转速限制 在装有调速器的情况下，由调速特性线来限制柴油机的最高转速。柴油机在各种负荷下转速如果超过这种特性规定的范围，将会引起往复惯性力和离心力过大，产生强烈的振动，使零件磨损加剧，就不能安全工作，经济性也将下降。

(4) **最低转速限制** 柴油机在过低的转速下运转时，油泵柱塞的速度也下降，喷油压力下降过低，致使燃油雾化不良，使可燃混合气的混合不良，燃烧恶化。燃烧不完全又导致燃烧室表面积炭。同时，转速过低的将造成轴承润滑不良，磨损显著加剧。各种正时也将变得不合适，造成柴油机运转十分不稳定。

对于与螺旋桨直接连接或通过减速齿轮箱连接的柴油机来说，长期连续运转的允许功率和转速由限制特性、标定转速（或相应的调速特性）、最小负荷特性、按推进特性工作时的最低稳定转速曲线所限制。

第六节　柴油机的调速装置

一、调速的必要性和调速器的类型

1. 柴油机调速的必要性

为使柴油机能在规定转速下稳定地运转，必须装有调节转速的装置——调速器。通过它可以自动地改变柴油机喷油泵的喷油量，以适应阻力矩的变化。柴油机的不同转速是通过改变每一循环的喷油量来获得的。改变柴油机的油量调节机构，使其转速调节到规定的转速范围内称为柴油机的调速。能够根据柴油机负荷的大小自动调节供油量，使其转速维持在规定范围的装置称为调速器。在一定的外界负荷条件下，若供给柴油机一定的燃油量，使柴油机的功率与外界负荷相平衡，柴油机就能在某一转速下稳定地运转。

船舶推进主机和发电柴油机的运转条件不同，当外界负荷变化时，其自身的适应能力也不同，因而对调速的要求也不同。

船舶推进主机要求具有自动调节转速以适应外界负荷变动的能力，即能在外界负荷变化时转速跟着变化或保持一定的转速，以及在外界负荷变化时，柴油机的转速变化能控制一定的范围内，以保证柴油机正常运转：对船舶推进主机，当外界负荷减少，而喷油量不变时，柴油机就会增速，使螺旋桨的耗功增加，因此可以在稍高于原转速的情况下重新达到功率平衡；反之，如柴油机负荷增加，柴油机就会减速，柴油机会在稍低于原转速的情况重新达到一个新的平衡状态。但是，当船舶在大风浪中航行或发生纵向摇摆而可能发生螺旋桨突然露出水面的情况，相当于柴油机的负荷突然全部卸去，如果不及时收小油门减少供油量，柴油机所发出的功率会大大超过螺旋桨所能吸收的功率，使柴油机的转速远远超过其额定转速而发生“飞车”事故，柴油机面临严重损坏的危险。根据船舶主机的工作特点，按我国有关规定主机必须装设极限调速器，使主机转速不超过115%标定转速。

而船舶发电机要求在外界负荷（即用电量）变化时对保持恒定的转速有严格的要求，以保证发电机的电压和频率恒定，满足供电和并车的需要。由于外界的用电量是经常变化的，即柴油机的外负荷经常改变，如果没有调速器，就会发生当外界负荷突然增加时，柴油机的转速就会突然降低，严重时会自动停车；当外界负荷突然减少时，柴油机就会发生“飞车”危险。所以船用发电柴油机必须装定速调速器。

2. 调速器的类型

（1）调速器按转速调节范围分类

① 极限调速器：又称限速器。只用于限制柴油机的最高转速，防止柴油机的转速超出安全范围。而转速低于此安全值时则不起调节作用。这种调速器仅用于船舶主机，目前已经很少使用。船舶主机所装极限调速器的限制转速是115%标定转速。

② 定速调速器：又称为单制式调速器。在负荷变化时能使柴油机的转速保持在规定转速范围内稳定运转的调速器，应用于要求转速固定不变的船用发电机组。同时为满足多台发电机并联运行的要求，此调速器应有一定调节范围，一般为±10%标定转速。

③ 全制式调速器：在柴油机最高到最低转速范围内，即全工况范围内的任意选定转速下，都能自动调节喷油量，保持调定的转速不变。应用于船舶主机和柴油发电机组。

④ 双制式调速器：有最高和最低两个转速控制点，能改善柴油机怠速工况的稳定性和限制最高转速，其中间转速由人工直接控制。用于对低速性能要求较高或带有离合器的船舶主机。

（2）调速器按执行机构的结构原理分类

① 机械离心式直接作用式调速器：直接利用飞重产生的离心力去移动油量调节机构来调节转速，不能实现恒速调节。

② 液压间接作用式调速器：通过液压伺服器将飞重产生离心力加以放大，使用放大后的动力去移动油量调节机构。

③ 电子调速器：转速信号监测或执行机构采用电气方式的调速器。

二、超速保护装置

按我国有关规定，凡标定功率大于 220 kW 的船用主机和船用柴油发电机组应分别装设超速保护装置，以防止主机超过 120%额定转速，柴油发电机超过 115%额定转速。

超速保护装置本身无调速特性，在柴油机正常转速范围内不起作用，仅当超速时迫使柴油机降速或停车。

三、调速器的性能指标

1. 动态指标

(1) 瞬时调速率　柴油机在标定工况下稳定运转时，突减全部负荷时最高瞬时转速与标定转速之差与标定转速比值的百分数。我国有关规范要求发电柴油机不大于 10%。

柴油机在最高空载转速下稳定运转时，突加全部负荷时最低瞬时转速与最高空载转速之差绝对值与标定转速比值的百分数。我国有关规范要求发电柴油机不大于 10%。

(2) 转速稳定时间　突加或突减全负荷时所需的转速稳定时间。船用柴油发电机要求不大于 5 s，主柴油机要求不大于 10 s。

2. 静态指标

(1) 稳定调速率　根据标定工况下，突卸全部负载求得，用来衡量调速器的准确性。调速器标定工况稳定调速率是指当操纵手柄在标定供油位置不变时，最高空载转速与标定转速之差与标定转速的比值的百分数。

单台柴油机发电机允许为零。表示转速不随负荷变化而保持恒速。几台柴油机发电机并联工作时，各台柴油机之间的稳定调速率必须相等且不为零。船用柴油发电机稳定调速率应不超过 5%。船用柴油机主机的稳定调速率不超过 10%。

(2) 转速波动率或转速变化率　表征稳定运转时转速变化的程度。

① 转速波动率：稳定运转时，最高或最低转速与平均转速之差与平均转速比值的百分数。一般在标定工况时，转速波动率不大于 0.25%～0.5%。

② 转速变化率：稳定运转时，最高与最低转速之差与平均转速比值的百分数。一般在标定工况时，转速变化率不大于 0.5%～1%。

(3) 不灵敏度　一定工况下稳定运转时，由于调速机构中存在间隙、摩擦力和阻力，使同一负载下的转速稍有变化而调速器不能立即改变喷油量。直到变化量足够大时，调速器才起作用。这种现象称为调速器的不灵敏度。

调速器的不灵敏度即调速器开始起作用时的极限转速之差与柴油机平均转速比值的百分数。

不灵敏度过大会引起柴油机转速不稳定，严重时有产生飞车的危险，一般规定：在标定转速时，不灵敏度不大于1.5%～2%；在最低稳定转速时，不灵敏度不大于10%～13%。

四、机械调速器的工作原理和特点

1. 机械调速器的工作原理

如图2-48所示。机械调速器主要由离心飞块、调速弹簧、调速杠杆、滑套、输出轴及调速手柄等部件组成。

当柴油机稳定工作时，调速弹簧预紧力始终和飞块旋转产生的离心力通过滚轮和调速杠杆所平衡，此时输出轴带动油泵齿条处于一定的位置保持不变，即保持一定的供油量和一定的转速，这就是柴油机的设定转速。

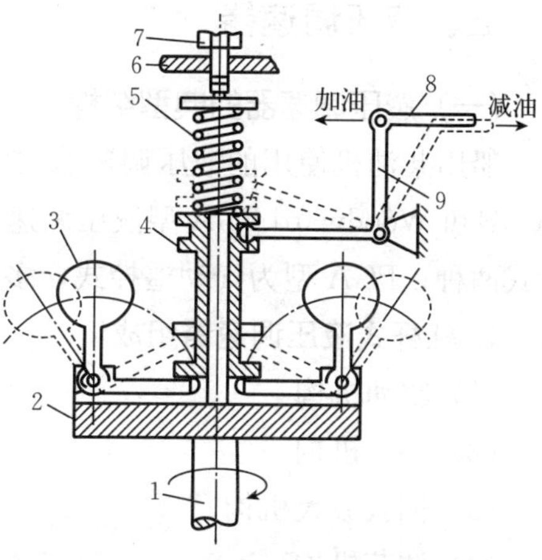

图2-48 机械调速器原理图

1. 转轴 2. 飞铁座架 3. 飞铁 4. 滑动套筒 5. 调速弹簧 6. 固定部分 7. 调整螺钉 8. 油量调节机构 9. 直角形杠杆

当柴油机转速由于负荷减小而超过规定值时，飞块的离心力增大，上述平衡状态被破坏，飞块通过伸缩轴克服调速弹簧张力推动调速杠杆向右移动，从而带动输出轴右移，产生一减油的动作，使转速回复，达到新的平衡，在新平衡点上，柴油机的转速略高于设定转速。同理，当柴油机的转速由于负荷增加而低于规定值时，飞块的离心力减小，平衡同样被破坏，调速弹簧的作用使调速杠杆同时带动输出轴左移，产生一加油的动作，使转速回复，达到新的平衡，在新平衡点上。柴油机的转速略低于设定转速。影响机械式调速器稳定调速率的是调速器弹簧刚度。

2. 机械调速器的特点

机械调速器构造简单、管理方便，但存在两方面的不足。一方面，这种调速器不能保持柴油机在负荷变化前后的转速恒定不变。当外界负荷减少时，调节后的转速比原来稍高。当外界负荷增加时，调节后的转速比原来稍低。另一方面，灵敏度和精度较差。

产生这种转速差的根本原因是：感应元件与油量调节机构之间采用刚性连接，当外界负荷减少时，供油量必须相应减少才能保持转速稳定，因此油量调节杆必须右移减油。这就必然会增加调速弹簧的压缩量而使弹簧压力变大，与弹簧力平衡的套筒推力及飞重的离心力也必须相应增加。新的平衡条件只有在柴油机转速比原来稍升高时才能达到。反之，当外界负荷增加时，上述平衡条件只有在柴油机的转速比原来稍降低时才能达到。

五、液压调速器

（一）液压调速器的典型结构

船用柴油机使用的液压调速器大多为双反馈全制式。其中以 Woodward UG 型和 Woodward PGA 型液压调速器应用最普遍。UG 型分为杠杆式和表盘式两种；PGA 型为气动遥控式，多用于遥控主机。

1. 杠杆式液压调速器组成

（1）驱动机构

（2）感应机构

（3）伺服放大机构

（4）调节机构

（5）恒速反馈机构（补偿机构）　其作用保证调速过程中转速稳定。

（6）静速差机构　打开调速器上盖，调节凸轮的位置可以得到不同的稳定调速率。

（7）速度设定机构　通过改变调速弹簧预紧力来设定转速，手轮处有指示刻度 0～10。

（8）液压系统

2. 表盘式液压调速器（图 2-49）

（1）在 UG-8 表盘式液压调速器的表盘上有四个旋钮

① 调速旋钮：转动时改变调速弹簧预紧力，用来设定转速。

② 转速指示器：指示所选定的转速。位于右下方的旋钮。

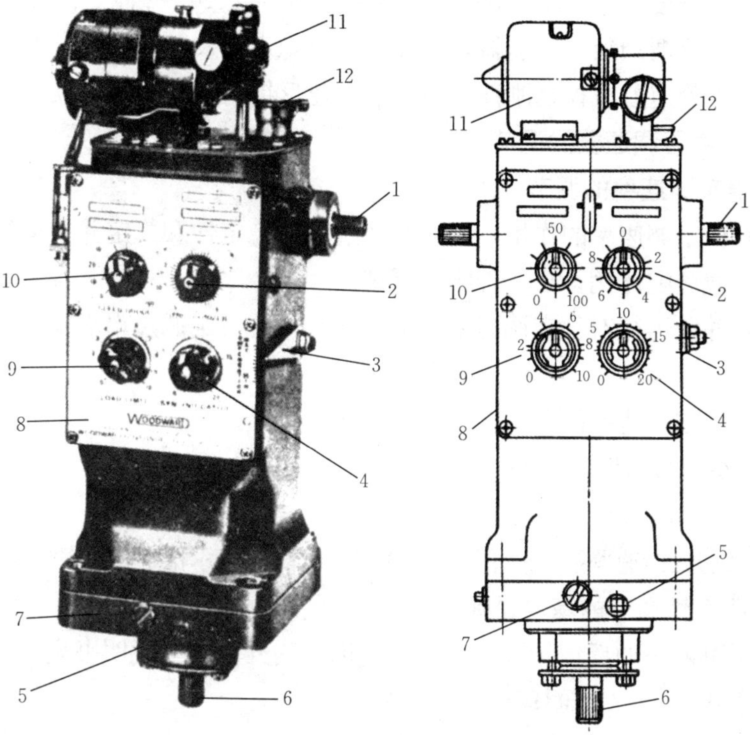

a　　　　　　　　b

图 2-49　表盘式液压调速器

a. 实物图　b. 示意图

1. 输出轴　2. 调速旋钮　3. 反馈指针　4. 转速指示器　5. 放油塞　6. 驱动轴　7. 补偿针阀　8. 面板　9. 负荷限制旋钮　10. 静速差旋钮　11. 调速电动机　12. 注油杯

③ 静速差旋钮：使用时置于“30～50”，表示稳定调速率 3%～5%。

④ 负荷限制旋钮：用限制柴油机的最大负荷，启动时调到“5”刻度以防启动加速过快，运转稳定后转至“10”或其他限制位置。

(2) 使用方法

① 如果需要改变调速器的稳定调速率，应该调节的旋钮是左上方手动旋钮（静速差旋钮）。

② 如果需要限制柴油机的供油量，应该调节的旋钮是左下方手动旋钮（负荷限制旋钮）。

③ 如果需要改变柴油机的转速，应该调节的旋钮是右上方手动旋钮（调速旋钮）。

(3) 影响液压调速器稳定性的因素　影响液压调速器稳定性的因素之一

是补偿针阀开度。对 PGA 调速器，推荐开度为 1/16～2 圈。液压调速器是一种具有双反馈的液压调速器，以保证调节稳定性及可调的稳定调速率，其特点是：①静速差机构是刚性反馈；②恒速反馈机构是弹性反馈。

（二）液压调速器的调节

1. 稳定调速率的调节

(1) 稳定调速率的作用　提高调节过程的稳定性和决定并联运行柴油机之间的负载分配比例，是一种刚性反馈。

(2) 并联运行对稳定调速率要求　每台机的稳定调速率必须相等且均大于零。

(3) 稳定调速率的调节

① 杠杆式调速器：应拆开调速器顶盖，调节凸轮在杆上固紧位置，调节幅度为 0～12%。

② 表盘式调速器：静速差旋钮放在“30～50”，表示稳定调速率为 3%～5%。

2. 稳定性调节的基本原则

在尽可能小的反馈指针刻度下，保证针阀开度符合说明书规定（针阀开度：表盘式 1/4～1/2 圈；杠杆式 1/2～3/4 圈）。

3. 稳定性调节步骤

(1) 调整前准备　柴油机空车运转，专人守住燃油杆以备人工切断油，待转速和调速器滑油温度正常后，方能进行调节。

(2) 调速器滑油驱气　反馈指针放在最大位置，补偿针阀旋出 2 转，人为使柴油机转速波动 1～1.5 min，进行驱气。

(3) 进行无负荷调节　将反馈指针置于刻度“3”处，人为使柴油机转速波动，同时逐渐关小针阀直到转速波动刚好消失为止。检查此时的针阀开度，若开度适合则调节完毕。如调节中波动不停或针阀开度不正确，则应增大反馈指针刻度两格，重复上述调节，如反馈指针增至“7”后仍不稳定，则可酌情增大稳定调速率。

(4) 进行有负荷调节　突增（减）负荷检查调速器的稳定性。调整步骤同无负荷调节。

（三）液压调速器实例

1. YT－111 液压调速器的结构和动作原理

YT－111 液压调速器是目前装设在 300 系列柴油机中较为先进的一种调速器，如图 2-50 所示，它的结构及其主要作用分别介绍如下。

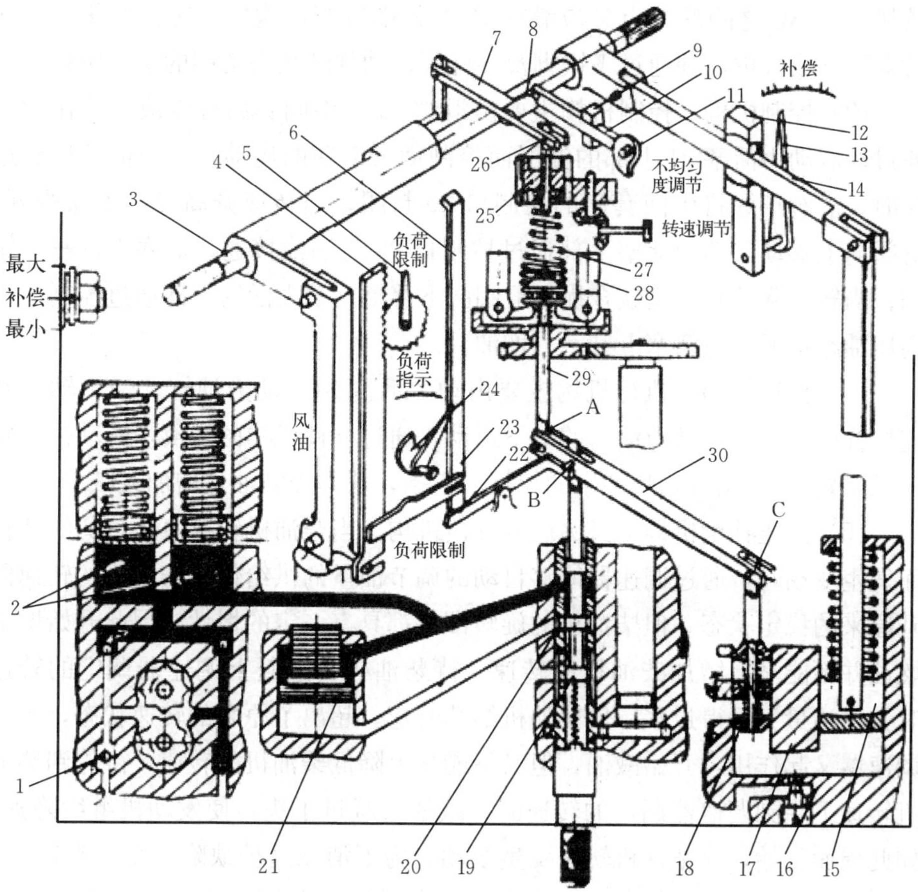

图 2-50　YT-111 表盘式液压调速器

1. 球阀　2. 蓄压室　3. 输出轴　4. 齿条　5. 负荷指示指针　6. 紧急停车推杆　7. 不均匀度杠杆　8. 支点（滑灵）　9. 调节摇臂　10. 小杠杆　11. 不均匀度调节凸轮　12. 摇臂　13. 补偿指针　14. 补偿杠杆　15. 大补偿活塞　16. 补偿针阀　17. 补偿空间　18. 小补偿活塞　19. 滑阀　20. 控制口　21. 动力活塞　22. 小杠杆　23. 连接杆　24. 负荷限制凸轮　25. 调速齿轮　26. 调速螺栓　27. 调速弹簧　28. 飞铁　29. 调速导杆　30. 浮动杠杆　31. 补偿弹簧

（1）驱动机构　调速器的输入轴由柴油机驱动，通过油泵齿轮、传动轴、传动齿轮，使飞铁 28 旋转，并将与柴油机瞬时转速成正比的速度信号传给感应机构。

（2）感应机构　速度感应机构主要是由飞铁 28 和调速弹簧 27 所组成。飞铁在飞铁架上可以摆动，飞铁脚作用在调速导杆 29 的平面轴承端部。调速导杆在飞铁架的孔中上下移动。导杆的上端受调速弹簧 27 的作用，下端与浮动杠杆 30 的 A 点铰接。浮动杠杆 30 的 C 端与小补偿活塞 18 的活塞杆铰接。在AC之间的B点又与滑阀19的杆端铰接，这样在转速变化时飞铁就会张开或合拢，并通过飞铁脚及导杆等传动件转化为滑阀的上下位移。

(3) 控制机构　控制机构主要由滑阀19及中间套筒等组成。其作用是通过控制动力活塞21下部的油压而控制动力活塞的运动，当柴油机稳定运转时，滑阀正好将中间套筒的控制口20封闭。当转速升高时，飞铁张开，滑阀向上移动，动力活塞下部通过控制口20与油池接通，活塞下降——减油；当转速降低时，飞铁合拢，滑阀向下移动，动力活塞下部通过控制口与高压油路接通，使活塞上升——增油。

(4) 执行机构　执行机构主要由动力活塞21、动力油缸、输出轴3及连接杠杆等组成。动力活塞的上下运动，通过杠杆机构的转换，转动输出轴3，操纵油量控制机构喷油泵的拉杆或齿条，从而控制油量增加或减少。

(5) 液压补偿机构　又称恒速反馈机构。当柴油机转速由于负荷的变化而发生变动时，通过调速器能够自动的调节油量的供给促使柴油机的转速回到原来的稳定状态。但柴油机的旋转部件都具有一定的惯性，因此开始增加燃油并不能马上增加柴油机的转速。待柴油机转速赶上调速器调定的转速时，供油量又显得过多，使柴油机继续升速，超出了原来的转速状态，于是调速器又起作用，开始减油，但又不能马上降低柴油机的转速，待等到柴油机转速下降到调速器调定的转速时，减油又减过了头，使发动机继续降速。如此周而复始，使柴油机转速发生游动。为了消除这种缺陷，在YT-111型液压调速器上装有反馈装置，这主要由大补偿活塞15、小补偿活塞18、补偿针阀16、补偿杠杆14、浮动杠杆30及反馈油路等组成，在动力活塞带动输出轴3旋转的同时，经过补偿杠杆14、大补偿活塞15，再经过液力驱动小补偿活塞18，使浮动杠杆30绕A点摆动，从而控制滑阀19上下移动，由于反馈的小补偿活塞18的运动方向与原滑阀19移动的方向相反，所以能促使滑阀迅速地回到原来位置上，以克服高速燃油供给的过头现象。这一反馈补偿的作用可以通过补偿摇臂12、补偿指针13及补偿针阀16进行调整。补偿小，针阀开启大，则转速游动大，达到稳定转速需要的时间长。补偿大，针阀开启小，则负荷变化时引起转速的变化大。

(6) 不均匀度调节机构　又称刚性反馈机构，是由不均匀度杠杆7、支点（滑灵）8、小杠杆10及调节凸轮11等组成。它使输出轴与调速弹簧之间发生刚性连接，起刚性反馈作用，不仅促使调节过程稳定，而且能调节不均匀度，以满足柴油机稳定运行的要求。如两台柴油机并联运行时，如一台柴油机由于负载的原因，使转速降低，调速器就能自动调整燃油供给，滑阀下降增加供油，同时不均匀度杠杆起作用，使调速弹簧27的压缩量减少，滑阀上升，封住控制口20，停止增加供油，那么负荷与转速的不一致性必然也要在另一台柴油机上反映出来，就是说另一台柴油机也要相应地降低一点转速，增加一点燃油。这样，两台机组并联运行时，有了不均匀度的调节，就可以免除两台机组负载的不均衡性。

不均匀度的大小可以通过改变滑灵8的位置来实现，而后者则是靠旋转不均匀度旋钮，通过凸轮11，小杠杆10来实现其位置的改变（对杠杆式是利用改变调节凸轮在连杆上的相对位置来实现，由螺钉固定）。对于表盘式液压调速器不均匀度调节范围为0～15.6%，对于杠杆式液压调速器不均匀度调节范围为0～7.63%（输出轴转角为42°）。

（7）调速机构　调速机构是通过改变弹簧预紧力来改变柴油机的稳定转速，对表盘式液压调速器的调节，利用旋动转速调节旋钮，经锥形齿轮带动具有内螺纹的调速齿轮25，使调速螺杆26上下移动以改变调速弹簧的预紧力，从而达到全程调速的目的。对于杠杆式液压调速器的转速调节，是利用杠杆旋转操纵轴，通过扇形齿板使调速齿杆上下位移，以改变调速弹簧的预紧力。

（8）液压系统　调速器中的高压油是由齿轮泵供应的，蓄压室2使油压保持恒定。通过蓄压室弹簧及调压孔保证输出0.8 MPa的油压。两端球形止回阀1使高压系统的齿轮泵正反方向旋转都可以。

六、调速器的维护管理与故障排除

1. 调速器的维护管理

（1）正确选用合适的滑油并保持合适的油位　滑油应不含杂质，不起泡沫，不产生泥渣或胶状物，不溶解空气，无腐蚀作用并具有较高的黏度指数。调速器连续工作时推荐的使用滑油温度范围是60～90 ℃。

（2）保证调速器内滑油清洁、不变质　由于滑油污染造成的故障占调速器故障的50%，每半年应拆下调速器换一次滑油，或不拆下调速器，趁滑油热的时候及时把旧油从放油塞处放掉，并充入清洁的轻柴油，把补偿针阀打开两转以上，启动柴油机使转速波动30 s自行清洗。然后停车放掉轻柴油并换上新滑油至规定油位，调整好补偿针阀。亦可等柴油机短时间运转后把新油再换一次。

(3) 注意调速器油道内是否有空气 使柴油机怠速运转，打开补偿针阀几转，使柴油机产生严重的转速波动约两分钟，以迫使油道中的空气排出，然后调节关小补偿针阀直到满意为止。

2. 故障排除

机械调速器特点：结构简单、灵敏度和精度较差、维修方便、利用飞重离心力直接拉动油门。

液压调速器特点：稳定性、通用性好，调节精度和灵敏度高，转速调节范围广，可实现恒速调节。

调速器出现故障时通常表现为柴油机的转速持续不停地波动或油量调节机构不停地摆动，但这种现象的出现并不一定就是调整器本身的故障所引起的，为查明不正常现象的原因，应先进行如下检查：

① 柴油机负荷激烈变化是否超出了柴油机的功率范围。

② 各缸负荷是否严重不均匀或个别缸熄火。

③ 调速器与喷油泵之间的油量调节机构有无卡紧或松动。

④ 调速器驱动器传动齿轮有无啮合不良，过紧或过松。

⑤ 调速器负荷指针的零位与喷油泵的零位是否不一致。

在上述各种原因排除之后转速仍有波动，才能肯定是调速器本身的故障。调速器本身反馈系统发生了故障或未调整好时也会出现转速剧烈波动，而滑油的脏污也是调速器产生故障最常见的原因，这可以通过清洗调速器和更换滑油来排除。一般因调速器本身毛病需要进行拆检和内部调整的实例还是比较少见的。

(1) 调速器不能使柴油机达全速运转

① 调速器调速弹簧失效张力不足或预紧力过小，使柴油机未达全速时，飞块已达极限位置，限制了燃油的进一步增加。可重新调整调速弹簧预紧度或更换新弹簧。

② 调速器动力输出端与喷油泵之间的连接相对位置发生偏差或连接松动、间隙过大，造成调速器输出量最大时喷油泵仍未达最大供油量或调速器的输出有一空动现象，减小了其有效行程。可对调速器输出端的连杆重新进行安装和调整，并固定其位置不变。

③ 高速限制螺钉未调整好，把转速限低了，使柴油机转速升不上去。可在调速器试验台上或运转着的柴油机上调整。旋松高速限制螺钉，将柴油机转速升至标定值，慢慢旋进高速限制螺钉直至调节机构为止。

(2) 柴油机转速激增造成飞车

① 调速器输出端与喷油泵之间连杆销脱落，供油量无法降低。检查并重新安装连杆销，加装开口销等保险装置即可解决。

② 调速器输出端与喷油泵之间咬死或卡住，喷油量无法减下来。修复调节齿杆和连接杆，增加灵活性。

③ 调速器调速弹簧预紧度过大或动力输出端连接相对位置发生偏差，使供油量增大。重新调整调速弹簧或连接连杆即可。

④ 调速器内飞块座不灵活，或导阀卡紧移动受阻，或滑油加入过多飞块惯性作用受影响，无法灵敏控制供油量，都易发生飞车故障。可拆装调速器，调整各间隙并调整滑油量。

⑤ 调速器转速降调节过大，使负荷降低时，设定转速增加过大，柴油机转速增加过大。重新调整转速降数量，使其处在最适合的位置之内即可。

(3) 柴油机转速不稳产生游车

① 补偿活塞补偿量调节过大或过小，造成转速调节滞后，产生波动。重新校验补偿指针的最佳位置，消除影响。

② 调速器输出端与喷油泵配合间隙过大，也会产生控制滞后现象。调整配合间隙至正常范围以内。

③ 调速器各运动部件之间黏滞，运动不灵活，加减油不及时。重新拆装和清洗各部件，消除滞后影响。

④ 调速器油道内有空气混入，会影响补偿作用的敏感性及油的输送。彻底排除残余空气，消除影响。

⑤ 调速器内油位太高，运动元件工作时会把空气卷入油内，造成游车。旋开调速器放油旋塞，泄放多余的油至规定刻线位置。

⑥ 油温过高造成黏度降低，增加高压油的泄漏及运动件间的摩擦阻力，使调节不稳。降低调速器周围环境温度，增加通风或换用黏度较高的调速器润滑油。

⑦ 调速器进油口杂质堵塞或配合体间隙过大造成油压偏低，产生游车。拆洗调速器，重新研磨配合面，正确安装调整至最佳值。

⑧ 调速弹簧长期受压变形，使某一圈矩或某几圈矩变形，使在该工况下发生游车。测量弹簧各部分尺寸，不合要求者应予更新。

(4) 转速稳定时间过长 负荷发生变化后，通常要求调速器在 5～10 s 之内恢复稳定，稳定时间过长，将影响柴油机功率、转速的正常输出。

稳定时间的主要影响因素为补偿针阀的开度。开度太小，节流过大，补偿复位迟缓；开度太大，节流过小，压力建立迟缓。开度过大或过小都将引起稳定时间的增加。合理调整针阀开度是解决该问题的有效方法。

第七节　柴油机的启动、换向和操纵

一、柴油机的启动

由于柴油机本身没有自行启动的能力，所以要使静止的柴油机转动起来必须借助于外力带动柴油机曲轴转动，创造柴油机获得第一个工作行程所需的条件，即完成进气、压缩、喷油、燃烧膨胀做功才能推动活塞自行运动的过程。这一过程称为柴油机的启动。为了保证柴油机启动，带动柴油机的外力（矩）还必须使柴油机达到一定的转速。因为转速太低时，压缩过程进行缓慢，致使压缩终点温度下降，达不到燃油自燃发火的要求，柴油机也不可能自行转动起来。由此可知，柴油机的启动需要一定的转速。通常称柴油机启动所需要的要求最低转速为启动转速。

启动转速的大小与柴油机的类型、环境温度、柴油机的技术状态、燃油品质等有关。它也是鉴定柴油机启动性能的重要标志。

1. 柴油机的启动方式

根据所采用的外来能源的形式，柴油机的启动方式可分为人力手摇启动、电动启动、气动马达启动和压缩空气启动。

2. 压缩空气启动装置的组成、工作原理、启动条件、常见故障及处理

（1）压缩空气启动装置的主要组成部分　包括空气压缩机、空气瓶、主启动阀、空气分配器、气缸启动阀和启动控制阀等。

空气压缩机的主要任务是向空气瓶输送一定压力的压缩空气。根据我国《钢质海船入级与建造规范》的规定，启动空气瓶的容量必须能保证在不补气的情况下能冷车倒顺车交替启动不少于 12 次（不可换向主机 6 次），供主机启动的空气瓶至少需要 2 个，启动空气的压力应保持 2.5～3.0 MPa。

（2）工作原理　如图 2-51 所示是一种压缩空气启动原理图。启动前，空气压缩机向空气瓶 6 充气至规定压力，打开空气瓶出气阀 5 和截止阀 8 使瓶中空气经截止阀 8 沿管路至主启动阀 3 和启动控制阀 7 处等候。当接到启动命令时，将启动手柄 4 推到“启动”位置。这时，启动控制阀 7 开启，使主启动阀 3 开启。于是，启动空气分两路：一路为启动用的压缩空气，经总管被引至各缸的气缸启动阀 1 下方空间等候；另一路为控制用的压缩空气，被引至空气分配器 2，然后按柴油机的发火次序依次到达相应的气缸启动阀 1 的顶部空间，并轮流将气缸启动阀打开，使等候在此阀前的启动空气进入气缸推动活塞向下运动，从而使曲轴旋转。待柴油机达到启动转速时，随即将燃油手柄推至启动供油位置。待柴油机启动后，启动手柄 4 关闭启动控制阀 7，切断启动空气。主启动阀 3 立即关闭，气缸启动阀 1 顶部空间的控制用的压缩空气也经空气分配器 2 泄放，气缸启动阀 1 关闭。至此，启动过程结束。

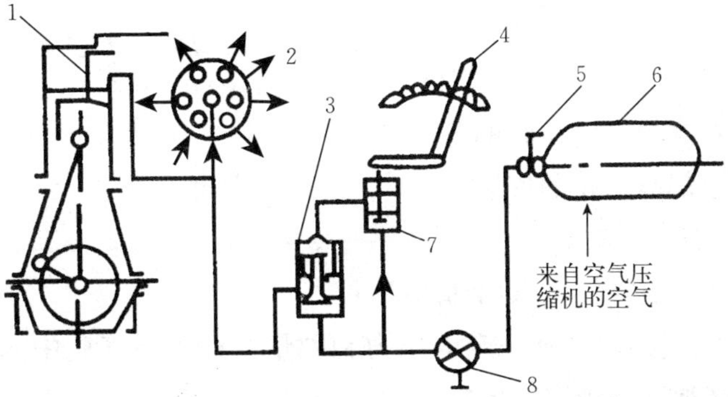

图 2-51 压缩空气启动装置原理图

1. 气缸启动阀 2. 空气分配器 3. 主启动阀 4. 操纵手柄
5. 空气瓶出气阀 6. 空气瓶 7. 启动控制阀 8. 截止阀

在压缩空气启动装置中起关键作用的是气缸启动阀和空气分配器，图 2-52 所示为它们的结构原理。图 2-52 a 是单气路气缸启动阀。启动阀阀盘 1 的直径等于或接近于其导杆 3（平衡活塞）的直径，故在进气腔 2 中，启动空气作用于上述两部分投影面的力基本相等，而方向相反。启动阀的上端有启阀活塞 4，下设的弹簧向上顶住启阀活塞，所以只有在空气分配器将压缩空气送入启阀活塞上部空间而将活塞 4 压下时，启动阀才被打开。图 2-52 b 为空气分配器，当启阀空气（用虚线表示）从阀体 5 上的进气孔进入空气分配器后，使其下端的滚轮顶在呈凹状的凸轮 7 上。在图示情况下，滑阀处于最低位置，阀体中间的出气孔被打开，启阀空气通过空气分配器到达启动阀启阀活塞 4 的上部，压开启动阀。当凸轮轴上的凸轮 7 转过一个角度后，滑阀被抬起，使进气通道与出气通道隔断，同时使出气通道与下面的泄气通道连通。这时，启阀活塞 4 上部的空气通过空气分配器泄入大气，启动阀在弹簧的张力作用下关闭，启动空气停止进入气缸。

空气分配器有组合式和单体式两种布置方案。图 2-52 所示为组合式。这种布置方案的特点是各空气分配器的滑阀由一个凸轮来控制，凸轮的安装位置保证了启动阀在启动位置开启，各启动阀的开启次序与发火次序相同。单体式空气分配器则按各缸分开布置，各分配器的滑阀分别由各个凸轮来控制，启动阀的开启时刻和次序都由凸轮的安装位置来决定。

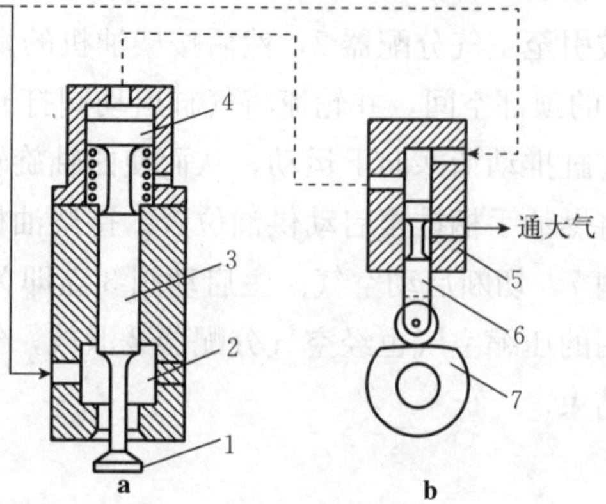

图 2-52　气缸启动阀与空气分配器结构原理图

a. 单气路气缸启动阀　b. 空气分配器

1. 启动阀阀盘　2. 进气腔　3. 导杆　4. 启阀活塞　5. 阀体　6. 滑阀　7. 凸轮

(3) 保证压缩空气可靠启动的条件

① 压缩空气必须具有一定的压力和贮量。存于空气瓶中的压缩空气的压力和贮量必须满足规定的要求。

② 压缩空气要有一定的供气定时。由于空气启动是以压缩空气代替燃烧膨胀冲程充入气缸，并推动活塞向下运动来完成启动的，理论上要求压缩空气在上止点之后充入气缸，在排气阀开启前结束供给，以保证最少的空气消耗量。

供气定时要合适并有一定的供气持续时间。合适的供气定时应以既有利于启动又节省空气耗量为原则。理论上一般中、高速四冲程柴油机的气缸启动阀通常在上止点前 5°～10°曲轴转角开启，进气延续时间因受排气阀限制一般不超过 140°曲轴转角。

③ 必须保证最少启动缸数。对船用柴油机来说，应保证曲轴在任何位置都能可靠地启动，即柴油机曲轴在任何位置时应至少有一个气缸处于启动位置。为此，柴油机必须有一定的气缸数。启动所要求的气缸数对二冲程柴油机，一般不少于 4 个（360°/120°）；四冲程柴油机，一般不少于 6 个（720°/140°）。若缸数少于上述数值时，则必须盘车，使某缸正好处在膨胀冲程开始后的某一时刻。

(4) 压缩空气启动系统的故障及处理

① 柴油机不能启动：检查系统空气压力、控制各阀门的正确动作。

② 启动时曲轴虽然转动，但未达启动转速：检查系统空气压力、各阀门泄漏等。

③ 某段启动空气管发热：对应气缸启动阀泄漏等。

3. 气马达启动系统的组成、工作原理、维护管理、启动故障及处理

(1) 气马达启动系统的组成　气马达启动系统示意图如图 2-53 所示。气马达启动系统主要由空气瓶、减压阀、油雾器、电磁阀、主启动阀（继气器）、自动润滑器、启动马达、气开关等组成。

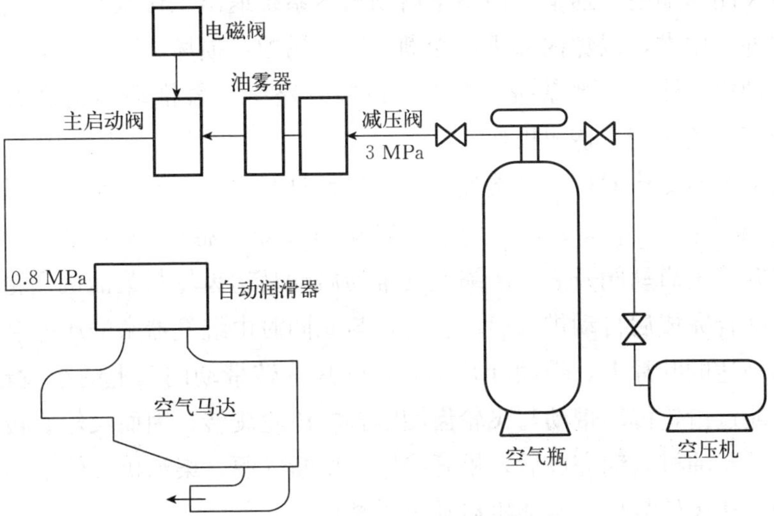

图 2-53　气马达启动系统示意图

① 主启动阀（继气器）：主启动阀用于控制启动马达进气通路的启闭。进口处与减压阀相连，出口处通向气动马达叶片，阀的开启是由气动马达预啮合出口的压缩空气控制。

主启动阀在使用过程中应注意保持端盖中气孔相通，并防止水、污物由此落入阀体内，造成锈蚀，使主启动阀失控。

② 油雾器：一种机油雾化装置，其功能是向进气系统中的压缩空气提供适当的机油，以供各气动元件正常润滑。主要由油雾器体、油雾气盖、吸管组成，安装方向与油雾器箭头方向相同。使用前应向油雾器内加入适量机油，使用时，高速流动的压缩空气从油雾气盖的进气口流向出气口，在气流压差作用下，油雾器内的机油通过吸管喷出，经高速气流喷散雾化。随压缩空气进入系统各气动元件中，粘在元件内壁上，起到润滑和防腐作用。

随着油雾器机油消耗，应经常检查油雾器体内液面高度，必要时，添加清洁的机油。

③ 调压阀：调压阀的作用主要是调整进气压力。

④ 过滤器：为提高输出空气的质量，调压阀内装有铜粉末冶金的过滤器，当发现调压阀输出流量明显减少时，应旋松调压阀下盖，取出过滤器及时清洗，过滤器用矿物油清洗后再用压缩空气吹干。

⑤ 气开关（启动按钮）：气开关为一手动按钮气路开关，柴油机启动过程中应密切注视柴油机主启动阀的工作状态。一经启动，应立即释放开关按钮，以关闭压缩空气通道，使整个启动马达系统退出工作状态。使用中，应防止水冲、雨淋，以免内部机件受潮，造成锈蚀，损坏。

柴油机工作时，严禁按动开关，以防管路中余气推动马达输出齿轮前进，损坏飞轮罩壳，造成损伤。

(2) 基本工作原理　当柴油机启动时，打开空气瓶的控制阀，压缩空气经调压阀减至 0.6～0.8 MPa 到达主启动阀（继气器），按下启动按钮，电磁阀打开，主启动阀开启，压缩空气推动启动马达齿轮与柴油机飞轮齿轮圈啮合，啮合完成后自动进入启动状态，与此同时由继气器来的压缩空气作用在气动马达的叶片上，带动叶片旋转，叶片旋转带动同轴上的小齿轮旋转，小齿轮通过齿轮传动带动与飞轮齿圈啮合的齿轮旋转，因而飞轮旋转使柴油机启动，柴油机启动完成后，松开按钮，切断气源，柴油机飞轮上的齿圈驱动气动马达齿轮复位，柴油机启动过程结束。

(3) 维护管理

① 每次启动前，应观察油雾器是否有足够的润滑油，油量不得少于其容积的1/3，同时油面不得超过加油塞下面。

② 系统工作时，必须保证油雾对系统的正常润滑，其流量每分钟 30 滴左右。流量调整方法：调整调节螺钉，顺时针转动，流量减少；反之，加大。流量大小可以通过目测指示器观察。

③ 启动时，应首先接通气源，再打开气开关，使气路畅通，待启动完成后，迅速关闭气开关。

④ 压缩空气必须经油雾器再到达继气器，两者位置不得调换。

⑤ 注意油雾器、继气器进、出方向，不得反装。

⑥ 管路安装过程中，不得对马达解体。

⑦ 保证各接口处密封，不得有漏气现象。

⑧ 经常检查各部分紧固螺钉，不得有松动。

⑨ 该马达不可在工作气压下长时间无负荷运转。

⑩ 高压管路必须采用无缝钢管，管路辅件不得采用铸造件。

(4) 气马达启动系统常见故障分析及排除方法（表 2-1）

表 2-1　气马达启动装置常见故障分析及排除方法

序号	故障现象	原因	排除方法
1	打开开关，输出轮不伸出	①总阀未打开 ②管路堵塞 ③预啮合进、出气管接反	①打开总阀 ②检查管路系统 ③调换，改正安装
2	输出齿轮与飞轮啮合不良	马达安装位置不当	调整安装位置
3	输出齿轮达到规定行程，但马达不转	①继气器失灵 ②工作气压低 ③管路有泄漏 ④马达有故障	①拆检继气器 ②提高工作气压 ③排除泄漏 ④更换或修理马达
4	马达工作，但柴油机不启动，达不到启动转速	①工作气压偏低 ②泄漏严重 ③柴油机有故障	①提高工作气压 ②排除泄漏 ③排除故障
5	马达出气口出现烟雾	压缩空气缺少润滑油	检查油雾器是否有足够润滑油，调整油雾器满足润滑条件

二、柴油机的换向

1. 换向装置的基本原理、换向方法和要求

根据航行要求，如果船舶要从前进变为后退（或相反），一般是靠改变螺旋桨的旋转方向（称直接换向）来完成或者保持螺旋桨转向不变、改变螺旋桨的螺距角使推力方向改变（变距桨换向）来实现。目前，多数船舶使用前者实现航向的变换，即船舶的进、退依赖于柴油机旋转方向的改变。因此要求主柴油机具有换向性能。所谓换向就是改变曲轴的旋转方向。要使柴油机换向，首先应停车，然后柴油机反向启动起来，再使柴油机按反转方向运转起来。为满足上述要求，必须改变启动定时、喷油定时和配气定时，以满足反向启动和反向运转对定时的需求，因为上述定时均由有关凸轮控制，所以解决柴油机的换向集中在如何相应地改变空气分配器、喷油泵和进、排气阀等凸轮与曲轴的相对位置上的问题。为改变柴油机的转向而改变各种凸轮相对于曲轴位置的机构称为换向装置。

柴油机换向时需改变其凸轮与轴相对位置的设备随机型不同而异。在四冲程柴油机中有空气分配器凸轮、进排气阀凸轮和喷油泵凸轮等；二冲程弯流扫气柴油中有空气分配器凸轮和喷油泵凸轮；在二冲程直流阀式扫气柴油机中，除喷油泵凸轮和空气分配器凸轮外还有排气凸轮。

目前，换向装置的种类繁多，对装置的基本要求却大体相同，主要有：

① 应能准确迅速地改变各种需要换向设备的定时关系，保证正、倒车的定时相同。

② 换向装置与启动、供油装置间应设有必要的连锁机构以保证柴油机的安全。

③ 需要设置防止柴油机在运转过程中各凸轮“定时”机件相对于曲轴上、下止点位置发生变化的锁紧装置。

④ 换向过程所需的时间应符合《钢质海船建造规范》的规定，不大于 15 s。

2. 双凸轮换向原理

双凸轮换向的特点是对需要换向的设备均设置正、倒车两套凸轮。其换向原理是正车时正车凸轮处于工作位置，倒车时轴向移动凸轮轴，使倒车凸轮处于工作位置，使柴油机各缸的有关定时和发火次序符合倒车运转的需要。

双凸轮换向装置，根据其轴向移动凸轮轴所用能量与方法有不同的结构形式，一般有机械式、液压式和气压式。

3. 单凸轮换向的原理

单凸轮换向的特点是每个需要进行换向操作的设备（如喷油泵、排气阀、空气分配器等）都各自由一个轮廓对称的凸轮来控制，正倒车兼用。其换向原理是换向时凸轮轴并不轴向移动，只需使凸轮轴相对曲轴转过一个角度。柴油机换向时，为改变定时使凸轮轴相对曲轴转过一个角度的动作称为凸轮的换向差向，所转的角度为换向差动角。差动方向如果与换向后的新转向相同，称为超前差动；差动方向如果与换向后的新转向相反，则称为滞后差动。

单凸轮换向装置所使用的凸轮线型有两种：一般线型和鸡心形线型。前者适用于各种柴油机的凸轮，后者仅适用于直流阀式换气的喷油泵凸轮。

三、操纵系统的要求和类型

将柴油机的启动、换向和调速等装置有机地联成一个整体，并加以集中控制，以实现启动、换向、增速、减速、运转、停车等联合动作的系统，称为操纵系统。为满足柴油机要工作的需要，操纵系统必须保证能完整、准确、及时地执行指令，操纵方便可靠，并能满足《钢质海船建造规范》的要求。同时，也应该设置必要的连锁机构、监控机构、报警机构、安全机构及应急辅助操纵机构等设施。

1. 对柴油机操纵系统的基本要求

① 必须能迅速准确地执行启动、换向、变速、停车和超速保护等动作并应满足《钢质海船建造规范》上的要求。

② 要有必要的连锁装置，以避免操作差错或事故。

③ 必须设有必要的监视仪表和安全保护、报警装置。

④ 操纵机构中的零部件必须灵活、可靠、不易损坏。

⑤ 操作、调整方便，维护简单。

⑥ 便于实现遥控和自动控制。

柴油机的操纵方式中必须保留机旁操纵，万一遥控系统出现故障后可应急使用。当滑油低压和超速（飞车）发生时，自动停车保护装置会立即切断燃油而停车。

2. 操纵系统的类型

(1) 按操纵方式分类

① 机旁操纵：操纵台设在主机旁，使用相应的控制机构。

② 机舱集中操纵：在机舱内设置专用的控制室，以实现控制与监视。

③ 驾驶台控制：在船舶驾驶台的控制室里由驾驶员直接操纵。

(2) 按系统使用的能源和工质分类

① 电动式遥控系统：以电作为能源，通过电动遥控装置和电动驱动机构进行控制。优点：控制性好，准确，适于远控。对管理人员素质要求高。

② 气动式控制：以压缩空气为能源，通过气动遥控装置和气动驱动装置进行控制。优点：传递范围广，信号受干扰少，动作可靠，维护方便。

③ 液力式遥控系统：优点是结构牢固，工作可靠，传递力较大，但易受惯性和液压油黏温特性影响而降低传动的灵敏性和准确性。

④ 混合式遥控：气液混合式、电液混合式等。

⑤ 计算机控制：在常规遥控系统中，程序控制等功能是通过各种典型环节的控制回路来完成的。远距离多采用电传动，近距离多采用液力式或气力式传动。

3. 连锁与保护

（1）连锁装置　柴油机的操纵系实现了启动、换向、调速等动作的集中统一控制，这就要求这些动作必须按一定的程序进行。如在某一转向下高速运转的主机，接到反向运转的指令时，必须按减油→降速→停车→换向→制动→启动→调速的程序进行，否则将会引起机件损伤甚至发生事故。把为保证柴油机的操纵过程能按规定程序正确而安全地进行而附设的装置总称为运转连锁装置。

根据功能及柴油机型号的不同，运转连锁装置的设置也不尽相同，以下介绍几个典型的运转连锁装置：

① 换向连锁装置：未按驾驶台指令换向（反向启动）或换向未结束，不能启动柴油机；在某些设置齿轮箱换向的中小型柴油机中，当齿轮箱操纵手柄未在脱排（空挡）位置或齿轮箱滑油压力过低时，不能启动柴油机。

② 盘车机连锁装置：盘车机未脱开时，不能启动柴油机。

③ 转向连锁：当柴油机的转向与车钟指示方向不一致时，不能启动柴油机。

④ 车钟连锁：未回车钟时，不能启动柴油机。

（2）安全保护装置　柴油机运转中，可能因为某个系统（油、水）突发故障而出现诸如欠压、超速等危险情况，若不立即采取措施就会危及柴油机安全。这就需要在操纵系统中附设安全保护装置，一旦上述情况发展到设定的危险值时就会立即自动切断供油，让柴油机自动停车。

安全保护装置有以下几种：

① 油、水低压保护装置：当滑油压力或各处循环冷却水下降到低于允许的最低值时，自动切断供油。

② 超速保护装置：当柴油机超过规定的转速时，能自动切断燃油供应。

③ 高压油管故障保护装置：当某缸高压燃油管漏油量达到一定程度时，能自动切断该缸燃油供应。

④ 排气阀空气弹簧保护装置：当液力传动气阀装置中的排气阀空气弹簧气压下降到一定程度时，能自动切断燃油的供应。

第三章 柴油机系统

第一节 燃油系统

一、燃油系统的组成

燃油系统是柴油机重要的动力系统之一，如图 3-1 所示。其作用是把符合使用要求的燃油畅通无阻地输送到喷油泵进口端。

1. 燃油系统的组成

该系统通常由五个基本环节组成：加装和测量、储存、驳运、净化处理、供给。

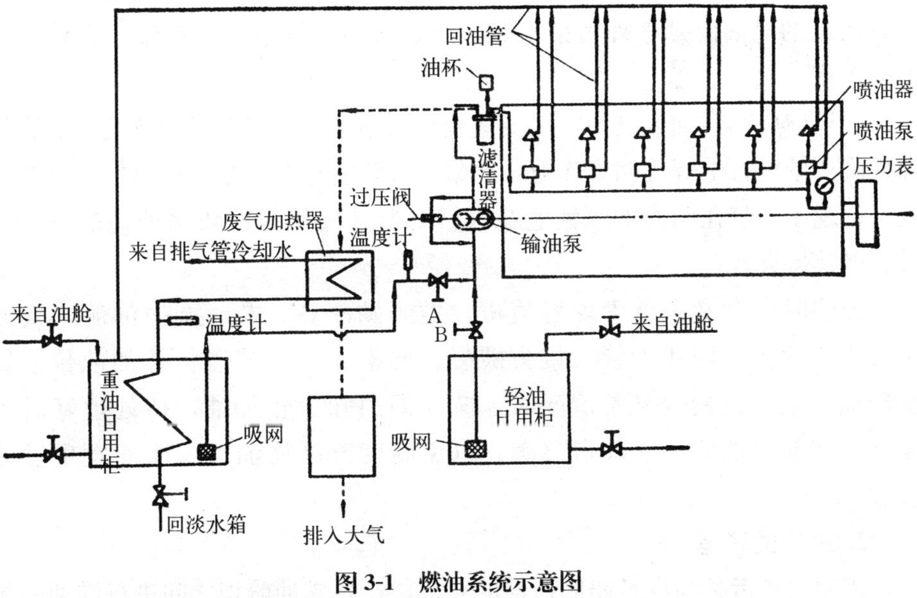

图 3-1 燃油系统示意图

2. 燃油系统的主要设备与作用

（1）燃油驳运泵　燃油驳运泵的作用是用于燃油的驳运。一般使用齿轮泵或螺杆泵，渔船上普遍使用齿轮泵。

(2) 燃油的净化处理设备　燃油的净化通常采用沉淀滤清和离心分离等净化处理措施。沉淀在专用沉淀柜中进行，按有关规定至少沉淀 12 h，用于沉淀杂质和水分，沉淀柜应定期放水排污。滤清由系统的多个粗、细滤器来完成。净化处理的主要设备是离心分油机，离心分离是净化处理的核心环节。

二、燃油的加装、驳运和测量

1. 燃油的加装

油品不可混用。不同牌号的同一油品，不同加油港加的同一牌号油不可混舱。由于燃油的不相容性，往往会发生化学反应，产生大量沥青质及淤渣析出。

加装燃油前应预先测量、计算各燃油舱的实际存量和确切的燃油品种。确定加油量，并通知船长提出加油申请。配合吃水安排加油舱位。加油前应尽量将相同的燃油并舱，以免因新旧燃油不相容而引起沉淀。由分工的轮机员负责准备加油管系，开启有关阀门，并检查各接头的可靠性。事先准备好木屑、棉回丝、消油剂的接油桶等，将甲板落水孔堵住，以防万一溢出的燃油流到舷外污染水域。配合供油人员共同检查流量表读数或油尺刻度。

加油前应和供油人员商定供油速度和联络信号，以免发生跑油事故。加油期间严禁进行电焊等明火作业，严禁甲板除锈作业，禁止穿有铁制鞋掌的鞋子，现场严禁在阳光下佩戴老花眼镜，严禁操作未作防爆处理的电气开关，严禁烟火。

加油时应有专人负责现场值班，做到勤测算、及时调换油舱，换油时要先开后关，防止油管及接头破裂。要根据加油速度估算加油量，如发现油位上升过慢等异常情况时，应立即通知停止加油，待处理好后才能继续加油，油舱不能加得过满，以免温度升高后油液膨胀而发生溢油事故。

2. 燃油的驳运

燃油的驳运是为满足船舶稳性的要求，在各燃油舱柜之间进行燃油的相互调驳。

3. 燃油的测量

在燃油系统中设有测量与指示装置，如流量计、温度计和压力表等。

三、燃油的净化和供给

1. 确保燃油清洁

燃油中若有机械杂质和灰尘，便容易造成滤器阻塞、柱塞在套筒内卡死、出油阀关闭不严及喷油孔堵塞，致使喷油量不足或中断喷油。此外，还会造成与燃油接触的运动件的颗粒磨损，燃油中若有较多的水分（未经沉淀排水特别是船舶摇晃时水和油的掺混）喷入气缸后，容易造成熄火。所以必须注意以下几点：

① 在贮藏燃油过程中，要严防机械杂质和水分。

② 储藏柜、沉淀柜、日用柜底部都设有排污阀，应定期开启此阀排污，把油柜底部的杂质和水分去掉。此外还应定期清洗油柜，除去污垢。为使燃油充分沉淀，至少要经过 24 h 以上的沉淀。

③ 定期装油、驳油和分油。在柴油机启动前和工作中，应定期驳油和分油，以保证日用油柜有足量的清洁燃油供应使用，以防燃油不洁或无油供应而发生事故。油柜顶部有溢流管，侧面装有油位玻璃管。当向油柜驳油时，应注意玻璃管显示的油位不要太满（特别是防止日用油柜不能装满，以免难以区分有无燃油）；如果装得太满，燃油即从溢流管流出（可从溢流管玻璃窗看出），应立即停驳，以免损坏设备和造成浪费。驳油时，还应注意保持船舶平衡，以免影响航速和航行安全。

④ 定期清洗燃油滤器。通常，在滤器前后装有压力表。燃油流经滤器时，若压力降超过正常规定数值（滤器前后压力差超过 0.02～0.04 MPa），则表明滤器已变脏堵塞，需要立即进行清洗；若无压力降或压力降极小，则表明滤网破损或滤芯装配不对，也需要立即拆检。

⑤ 在使用重柴油和重油时，应注意对它加热，以利于沉淀、分离、过滤，清除杂质、灰尘和水。燃油在使用前的加热，是为了降低重油黏度，以保证雾化质量，但应注意加热温度适当。

2. 注意充油驱气

燃油系统的油路应确保不漏油，不漏气。若有气体进入喷油泵套筒空间，就会使充油行程的燃油充量减少，压油有效行程燃油排量减小和压力大大降低，甚至不能顶开排油阀供油，其恶果是使柴油机启动困难，或运转中突然停车。

为了防止气体进入燃油系统，应使系统安装正确，消除漏油、漏气现象，停车后向日用油柜驳油，并使供油阀保持开启。

燃油系统的充油驱气办法，视设备和有无气缸检爆阀而定，一般按如下程序进行：

①旋开滤器放气螺钉，利用燃油重力或手动泵，充油驱出滤器前的气体。

②用喷油泵放气螺钉或排油阀、燃油重力或手动泵，充油驱出喷油泵套筒前和套筒空间的气体。为了将导筒空间的空气驱尽，充油驱气时，应根据柱塞是上行压油还是下行压油，将柱塞停于压油全行程的终点。

③用喷油器放气螺钉和喷油泵驱出高压油管和喷油器内的气体。柱塞的移动是用撬棒撬动或转动专设的充油驱气偏心轮来实现的。对于设有检爆阀的柴油机，此部分的放气不必单独进行，而在冲车过程中同时完成。

第二节　润滑系统

一、润滑系统的组成、主要设备和作用

（一）润滑系统的组成

柴油机的润滑系统通常有曲轴箱油强制润滑系统、曲轴箱油分离净化系统和涡轮增压器润滑系统等组成。曲轴箱油强制润滑系统根据柴油机结构不同分为湿式曲轴箱润滑系统和干式曲轴箱润滑系统。

1. 湿式曲轴箱润滑系统

在湿式曲轴箱润滑系统（图 3－2）中，全部的滑油贮存在油底壳中，在中小型柴油机中应用非常广泛。其中滑油润滑路线如下：贮存在油底壳中的滑油经粗滤器被机油泵吸出，再压送至机油滤清器底座（在此进行滑油压力的旁通调节），然后再分为两路：一部分滑油进入离心式机油滤清器，滤清杂质后回油底壳（即调压后流回油底壳）；另一部分经过滑油滤清器（纸质、缝隙式或刮片式）后进入滑油冷却器，再进入柴油机。进入柴油机的滑油分为三路：第一路经曲轴主油道进入各主轴颈、连杆大头轴承、连杆小头轴承，飞溅冷却活塞、缸套后流回油底壳；第二路经凸轮轴内油道润滑凸轮轴轴承后，分别进入气缸盖内润滑配气机构各工作面，从缸头泄回的滑油则润滑各个气阀顶杆、挺柱和凸轮工作面；第三路经前盖板上的喷嘴，喷淋各传动齿轮后，流回油底壳。

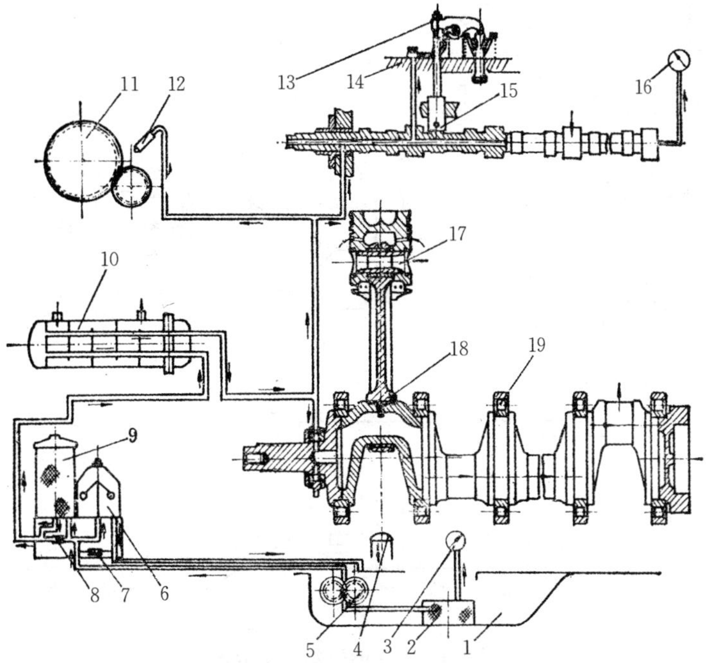

图 3-2 湿式曲轴箱循环系统

1. 油底壳 2. 粗滤网 3. 油温计 4. 加油口 5. 滑油泵 6. 离心式滑油精滤器 7. 调压阀 8. 旁通阀 9. 刮片式滑油粗滤器 10. 水冷式滑油冷却器 11. 齿轮系 12. 装于盖板上的喷嘴 13. 摇臂 14. 气缸盖 15. 顶杆套筒 16. 压力表 17. 活塞销 18. 曲轴颈 19. 主轴承

2. 干式曲轴箱润滑系统

为了提高滑油在工作状态下的品质，保证柴油机可靠地润滑和延长滑油的使用寿命，目前大多数船用主机都采用干式曲轴箱润滑系统（图 3-3）。

在干式曲轴箱润滑系统中，设有专用的滑油循环油柜和两个油泵。工作时滑油循环油泵不断地将流回油底壳或曲轴箱内的滑油抽出输送到循环油柜中贮存起来，滑油压力泵则不断地将循环油柜中的滑油吸出并压送到系统中去。其中滑油润滑路线如下：滑油循环油柜中的滑油经粗滤器，由滑油压力泵吸出，经细滤器和滑油冷却器，进入柴油机的滑油总管中。在总管中接有若干支管，分别至主轴承、连杆轴承、十字头轴承、滑块及凸轮轴轴承等处进行润滑。对于采用滑油冷却活塞的柴油机，则有专门的管系供应滑油，一般与滑油系统用管系分开。所有的滑油完成其任务后，由专门的管系或孔道溢流回油底壳，再经滑油循环泵抽至循环油柜。

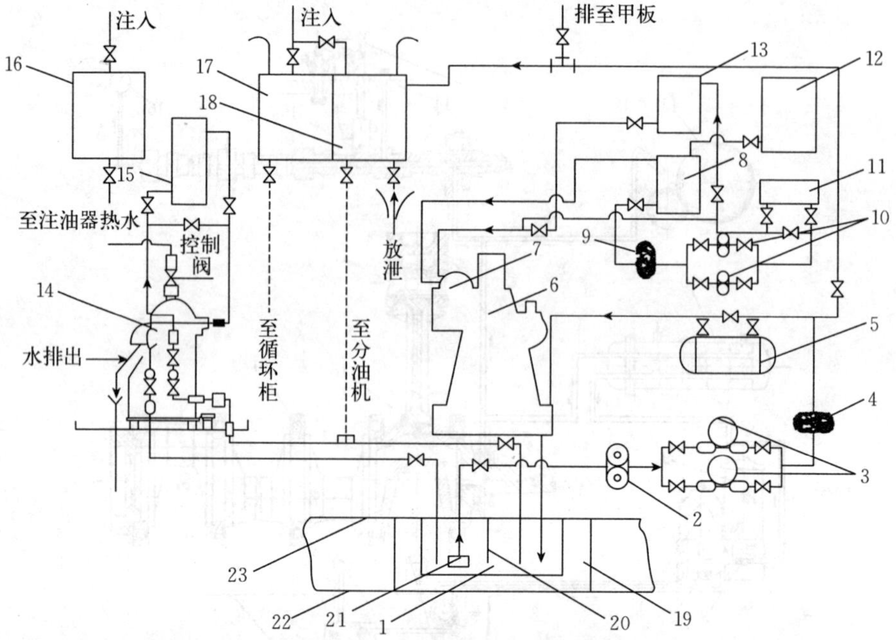

图 3-3　干式曲轴箱润滑系统

1. 滑油循环柜　2. 粗滤器　3. 滑油泵　4. 细滤器　5. 滑油冷却器　6. 柴油机　7. 增压器　8. 增压器循环柜　9. 滤器　10. 透平油循环泵　11. 透平油冷却器　12. 透平油柜　13. 透平油重力油柜　14. 分油机　15. 加热器　16. 气缸油柜　17. 滑油清油柜　18. 日用滑油柜　19. 隔舱　20. 纵向隔板　21. 吸入口　22. 船体　23. 双层柜顶

3. 曲轴箱油分离净化系统

曲轴箱油分离净化系统在柴油机运转中可连续对滑油循环油柜中的曲轴箱油进行分离净化处理，排除滑油使用中混入的各种杂质和氧化沉淀物。滑油分油机是系统中最重要的设备。

4. 涡轮增压器润滑系统

由于工作条件不同，涡轮增压器一般使用透平油润滑。增压器润滑系统通常有三种方式：①自身封闭式润滑（不需另设滑油系统）；②重力——强制混合循环润滑系统；③某些机型增压器润滑系统与柴油机曲轴箱共用一个曲轴箱油润滑系统。

（二）润滑系统的主要设备及作用

1. 滑油泵

常采用齿轮泵及螺杆式油泵，保证压力稳定，流动均匀。渔船上采用齿轮泵最为普遍。

2. 滤器

滑油泵进口采用粗滤器，出口采用细滤器，其前后装有压力表。如压差为零，则说明滤器破损；如压差过大，则说明滤器脏堵。

3. 滑油冷却器

为了保证滑油的正常温度，必须设置滑油冷却器。

(1) 滑油冷却器的两种形式

① 管壳式（图 3-4）：结构坚固、易于制造、适应性强、换热容量大、压力损失小且密封性较好。

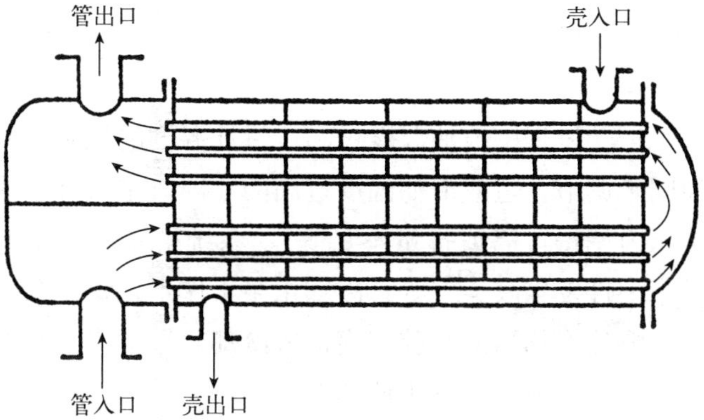

图 3-4　滑油冷却器

② 板式：钛表面能防止海水的侵蚀，换热系数高；结构紧凑、重量轻、体积小，易于清除污垢和维修；能消除液体间发生渗漏的危险；通过改变板片数目，极易增减热传导面积。但其不足之处是费用较高，密封垫圈损坏时容易泄漏。

(2) 冷却水与滑油逆向流动好处　换热面局部温度变化小，金属管热变形小。

二、润滑系统的常见故障与维护管理

1. 润滑系统的常见故障

润滑系统出现故障会直接影响到柴油机工作的可靠性，经济性和寿命。所以当系统出现故障时，作为管理人员应善于分析并予以及时排除。一般润滑系统的常见故障有以下几种：

(1) **柴油机工作中滑油压力发生缓慢变化** 柴油机启动后，开始滑油压力较高，随温度升高，黏度降低，油压会有一定程度的下降。滑油滤清器变脏，滑油使用长及摩擦机件长期工作后油隙增大等，都会使油压降低。以上均属正常情况，只要油压在一定范围内，就可以正常工作，否则应清洗滤清器，更换润滑油及修换磨损严重的机件。如出现滑油压力一直处于缓慢下降状态，应立即查明处理。一时难以查明的，应停车检查，以免事故扩大。

(2) **运转中的柴油机滑油压力发生剧变** 造成这种故障的原因主要有：滑油冷却器损坏漏泄、油管或机座破裂、循环的总油量不够、滑油泵失灵、调压阀失灵、摩擦机件损坏及滑油管路、滤清器、滤网堵塞或破损。当发现柴油机滑油压力发生剧变时，应立即停车查明原因，并予以排除。

(3) **柴油机运转过程中滑油温度过高** 滑油温度的控制一般可通过滑油冷却器的旁通阀来调节。造成滑油温度过高的原因：主要有滑油泵的工作不正常（如油泵压力调得过高或排量不足等）、系统阻塞、油量不足、柴油机超负荷运转及摩擦件发生咬、卡等；冷却水泵工作不正常，系统泄漏，造成冷却水量不足；滑油冷却器的水腔堵塞造成冷却效果下降。此外，活塞环与缸套密封不严，也会造成燃气下窜使油温升高。

(4) **柴油机润滑油消耗量过多** 耗油量过多的原因主要有两个方面：一方面是润滑系统的漏泄，包括滑油冷却器漏油，机座及滑油管路有裂纹，管子法兰垫片、曲轴箱倒门垫片及滑油泵轴封失效漏油等。另一方面是滑油进入燃烧室燃烧，包括活塞环泵油过度、活塞环磨合不良、磨损过度及天地间隙过大，活塞环搭口在同一方向，刮油环装反或刮油环失效及回油孔堵塞及增压器轴封漏油等。

如果是因为系统泄漏造成润滑油耗量过多时，可以从冷却水排水中看出水带有油花或可以看到舱底有滑油。若是滑油进入燃烧室燃烧，则可以看到排气烟气呈蓝色或排烟带有火星。根据检查出的原因，采取正确的修理方法予以排除。

2. 润滑系统的维护管理

(1) **确保滑油的工作压力** 通常保持在 0.15～0.4 MPa。具体参照柴油机说明书规定。

滑油压力应高于海水和淡水压力，以防止冷却器泄漏时冷却液漏入滑油中。滑油压力可由滑油泵的旁通阀来调节。船用柴油机润滑系统中滑油泵的出口压力在数值上应保证各轴承连续供油。

滑油压力过高时，一方面会增加滑油泵的负担，致使油泵磨损过快、油温升高及浪费功率，接合面易漏油，间隙处溢出的滑油会向四处飞溅，形成雾状油粒，在曲轴箱中容易氧化变质，也增加了滑油的消耗。滑油压力过高一般是滑油系统油泵后管道堵塞或滤器脏堵，以及压力调节不当。滑油压力过低时，将会因轴承供油不足而使机件磨损增强，严重时，会发生重大机损事故和安全事故。

(2) **确保滑油的工作温度**　滑油进口温度 40～55 ℃（中、高速机取上限）。最高出口温度不允许超过 65 ℃（中、高速机 70～90 ℃）。进出口温度差控制在 10～15 ℃。滑油温度预热到 45 ℃后才能允许挂上负荷。

滑油温度过低，则黏度增大，摩擦阻力损失增大，同时滑油泵耗功增加；滑油温度过高，则黏度降低，润滑性能变差，零部件磨损增大，同时滑油易氧化变质。滑油温度可通过滑油冷却器的旁通阀来调整，通过调节水量和调节油量，以保持温度和压力。

图 3-5 所示为滑油温度的调节示意图。

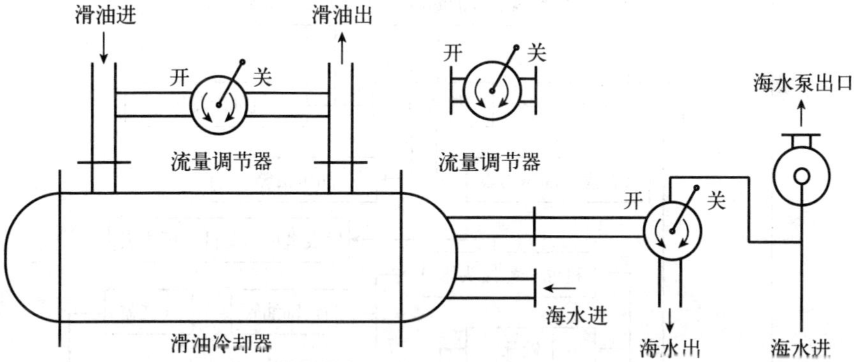

图 3-5　滑油温度的调节示意图

(3) **保证正常工作油位**　经常检查循环油柜油位，保证正常油位。油位过低，滑油温度将会升高，容易使滑油在曲轴箱中挥发。另外，在单位时间的滑油的循环次数过多，油中杂质无法在循环油柜中充分沉淀，均会加速滑油氧化变质，严重时将有断油危险，油位过高时将可能造成溢油危险。一般油柜中的油位应控制在油柜顶板下 15～20 cm 较为合适。应当注意的是，在测量曲轴箱油位时，油尺标高应考虑曲轴箱透气管的滤器是否脏堵。如有脏堵现象，则透气不畅，曲轴箱内滑油蒸气压力偏高，会使此时油尺测出的油位高于曲轴箱内油位的实际高度。

油位突降，说明系统泄漏；油位突升，说明进水、进柴油。

(4) 备车、停车管理

① 备车时，油温预热至 38 ℃，以便杂质分离和防止油泥沉淀在管壁上，并可减轻油泵的负荷。

② 停车后，如有机外供油泵应继续让系统运转 20 min 左右，使各摩擦面继续冷却。

③ 保证油质，沉淀过滤、旁通净化、定期检查和清洁滑油冷却器。

(5) 渔船常用的 6170 型柴油机和 300 型柴油机的滑油系统循环图（图 3-6 和图 3-7）

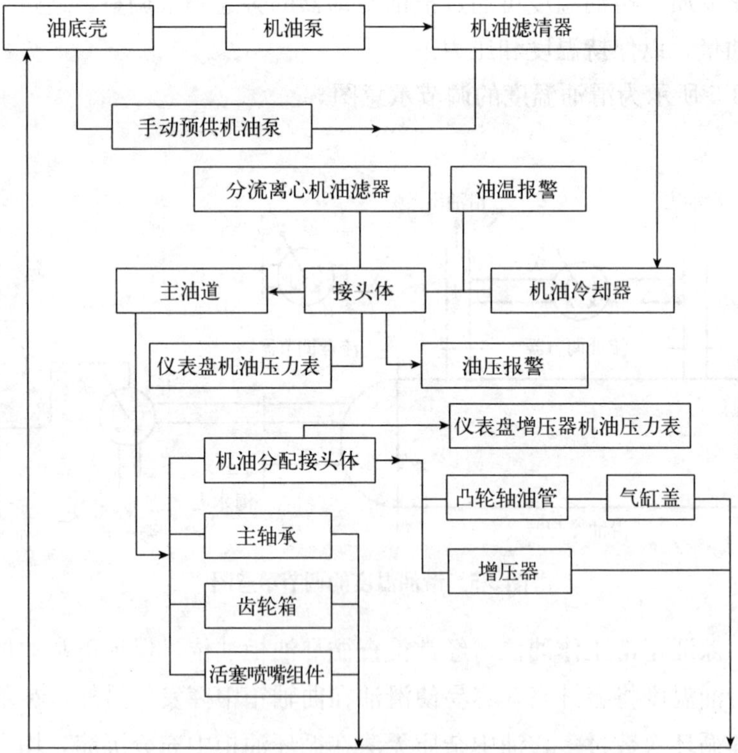

图 3-6　6170 型柴油机滑油系统循环图

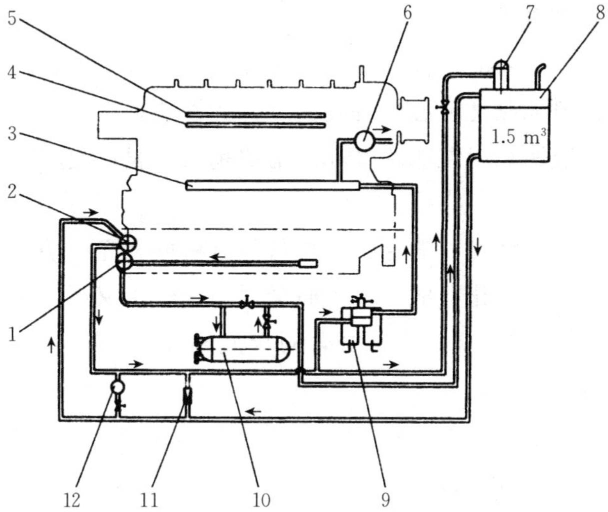

图 3-7　300 型柴油机滑油系统循环图

1. 滑油抽出泵　2. 滑油压入泵　3. 滑油总管　4. 气缸盖回油总管　5. 气缸盖进油总管　6. 滑油精滤器　7. 离心式滤清器　8. 日用滑油箱　9. 滑油粗滤器　10. 滑油冷却器　11. 调压阀　12. 预润滑油泵

三、润滑和润滑油

1. 润滑的作用

在柴油机中，润滑有以下作用：

（1）润滑减摩　在相互运动表面保持一层油膜以减少摩擦，这是润滑的主要作用。

（2）冷却作用　带走两运动表面间因摩擦而产生的热量，保证工作表面的适当温度。

（3）密封作用　产生的油膜同时可起到密封作用。如活塞与缸套间的油膜除起到润滑作用外，还以帮助密封燃烧空间。

（4）清洗作用　带走运动表面的灰尘和金属微粒以保持工作表面清洁。

（5）防腐作用　形成的油膜覆盖在金属表面使空气不能与表面金属接触，防止金属锈蚀。

（6）减轻噪声　形成的油膜可起到缓冲作用，避免两表面直接接触，以减轻震动和噪声。

（7）传递动力　如推力轴承中推力环与推力块之间的动力油压。

2. 润滑油的性能指标

润滑油的性能指标基本上可反映出滑油品质的优劣。

（1）黏度与黏度指数

黏度：滑油最重要的指标，在很大程度上决定楔形油膜的形成。

黏温特性：滑油黏度随温度升高而降低的性能。

黏度指数：说明黏温性能的好坏。指数越大，表示温度变化时黏度的变化越小。

（2）酸值和水溶性碱　滑油中的酸可分有机酸和无机酸两种。

有机酸：油本身氧化造成，过多时会对含铅轴承材料产生腐蚀。

无机酸（硫酸）：燃烧产物造成，对金属腐蚀性强，不允许存在（在滑油净化处理中可用水洗）。

酸值：表示滑油中有机酸的含量。单位：mgKOH/g，表示中和 1 g 滑油中的有机酸所需 KOH 的毫克数。

水溶性酸碱：只能说明油品呈酸性或碱性，仅用于定性检查。

总酸值（TAN）：表示有机酸、无机酸的总和。

总碱值（TBN）：表示滑油碱性的高低。碱性：因加入添加剂才具有。单位：mgKOH/g，表示 1 g 滑油中所含碱性物质相当于 KOH 的毫克数。

（3）抗乳化度和抗泡沫性

抗乳化度：在规定条件下，将一定量的润滑油和一定的水混合搅拌成乳化液，静置后达到油与水完全分离所需的时间。

抗泡沫性：表示润滑油在特定试验中的起泡沫体积和消泡时间。

（4）热氧化安定性和抗氧化安定性　用来衡量滑油在使用条件下抵抗空气氧化的能力。

热氧化安定性：属于高温条件下薄油层氧化试验，用氧化形成的漆膜所需的时间表示。用于模拟气缸壁上的油膜工作条件，适用于润滑油。

抗氧化安定性：属于较低温度下厚油层的氧化试验，用氧化后生成的沉淀物和酸值表示，适用于液压油和透平油。

（5）腐蚀度　衡量高温条件下工作的润滑油与氧气充分接触时，对金属（铅）的腐蚀程度。

（6）浮游性　含添加剂的滑油清洗零件表面胶质炭渣，使之分散为小颗粒而悬浮携带的能力。

3. 润滑油添加剂及作用

（1）油性剂、极压剂（抗磨剂）　能在边界润滑状态下起到减磨作用。

（2）清净分散剂　洗涤，中和酸性物质。

(3) **抗氧化抗腐蚀剂**　提高滑油抗氧化能力，保护有色金属不受酸的腐蚀，使轴承表面形成保护膜而成褐色。

(4) **增黏剂**　提高油的黏度

(5) **消泡剂**　抑制泡沫的发生，并使形成的气泡破裂和消失。

(6) **降凝剂**　改变低温流动性，降低油品的凝点。

(7) **防锈剂**　防止水与金属接触生锈。

4. 润滑油的质量等级

发动机应根据其结构、工况、负荷和功率的不同，来使用不同质量等级的润滑油。渔船上常用的润滑油等级有：

(1) CC　用于低增压柴油机。具有控制高温沉积和轴瓦腐蚀的性能。

(2) CD　用于高增压柴油机。具有高效控制轴承腐蚀和高温沉积物性能。

(3) CE　用于重负荷高增压柴油机。具有优于 CD 级油的高温性能，较少的沉积物和降低活塞环、气缸磨损。

(4) CF　用于高速自然吸气和涡轮增压发动机。用于含硫量低于 0.5% 的重载高速四冲程柴油机。可代替 CD 和 CE。

四、曲轴箱油变质与检查

为了及时掌握滑油变质规律以便采取相应的有效措施，船上一般采用以下方法检查滑油的质量：

(1) **擦研检查**　取少量滑油于手上擦研，以判断机械杂质的多少和黏性的大小。

(2) **倾注检查**　将滑油自盛器中慢慢倒出，观察滑油的颜色以判断是否混浊，若油流能保持细长均匀，即表明黏度合适、杂质和水分较少。

(3) **加热检查**　将滑油装在玻璃管内加热，如果油中有水分，则管壁上会出现水珠或油内产生泡沫，并发出“噼啪”的爆响，若曲轴箱透气管有水蒸气冒出，也说明油中有水分。

(4) **对比检查**　分别将新旧滑油滴在滤纸上，把所得的油渍相比较，油渍越黑说明滑油越脏；若油渍周围颜色黄色油迹较大，但中间有较多的硬沥青质和炭粒，则表明过滤不良，但滑油仍可使用。如黑点较大，黑褐色均匀无颗粒，则表示滑油已经变质，应预换新。

此外，从分油机中现大量油泥、滑油气味变得腥辣刺鼻，溅在曲轴箱上的滑油呈棕黑色，活塞冷却油腔结炭过多，也可判断滑油已变质。

第三节 分 油 机

船舶柴油机所用的燃油和滑油在进机使用前必须经过净化处理，除去之中的水分和杂质。净化的质量对柴油机工作的可靠性和使用寿命影响极大。分油机是船舶净化燃油和滑油最重要的设备。

一、分油机的基本工作原理和类型

在混有水和杂质的油中，机械杂质的密度最大，油的密度最小，水的密度介于两者之间。油在沉淀柜中沉淀一定的时间能使机械杂质和水分沉淀分离，但速度慢。所以船上主要用离心式分油机来净化燃油和滑油。分油机的基本工作原理是：让需净化的油进入分油机中作高速旋转，机械杂质和水因密度较大被离心力甩向外周，水被引出，杂质则定期清除（排渣）；密度较小的油所受离心力较小，便向里流动，从靠近转轴的出口流出，从而使油得到净化。离心式分油机具有净化时间短、流量大和效果好的优点。

为净化含水和杂质不同的油料，分油机的类型有分水机和分杂机。当待分离油中所含水分较多时，使用分水机分离油中的水分及杂质；当待分离油中所含水分较少时，使用分杂机，分离出的杂质和少量水分从排渣口排出。这两种分油机在结构上的区别仅仅在于分离筒中的个别零件，只要更换个别零件，即可互换。

分油机工作时，当油、水分离状况稳定时，分离筒中便形成一个油水分界面。分界面的内侧为油，外侧为水。油水分离界面的半径介于颈盘和分离盘半径之间。由于颈盘半径大于分界面半径，因此形成一个环状水封，使分离出来的水只能从出水口排出，而油不会从此处流出。如果油水分界面半径大于颈盘的半径（或重力环口径太大，水封水太少），那么油将从排水口流出，即水封被破坏，这种现象称为“跑油”。反之，当油水分界面向内移动盖住分离盘的小孔后，水又可能从中央出油口流出，使分离质量降低。因此，控制油水分界面处于一定的位置，对分油机的分离效果起到关键的作用。分离筒出水口处的重力环即为此而设置。分油机油水分界面的最佳位置是在重力环的外边缘。重力环的内半径即为分油机出水口的半径。

重力环实际上是一个节流环。当被分离油的比重增大时，选用过流通径小的重力环；反之，如被分离的油的比重较小时，则可选用过流通径较大的重力环。分油机皆随机配备一套不同尺寸的重力环，使用时可根据油的比重和分油机说明书推荐的数值适当地选用。

二、分油机的基本结构

分油机的类型很多，但基本结构和工作过程基本相同。现以自动排渣 Alfa Laval WHPX 型分油机为例加以说明。

图 3-8 为 Alfa Laval WHPX 型自动排渣分油机的主要结构。分油机机体下部安装着分离筒的传动机构。分离筒由马达 A 经摩擦离合器 E、涡轮机构 D 驱动，以较高速度旋转。

图 3-9 所示为该分油机分离筒和自动排渣系统的结构。这种分油机由分水机改为分杂机，只需将重力环改为分杂盘即可。分离筒本体 14 和筒盖 9 用大锁紧环 11 紧固在一起。筒内安装配油器 7、配油锥体 29 和分离盘组 10，待分油流过配油器、配油锥体，在分离盘组内进行分离。分离盘最上端为顶盘 8，其颈部与液位环 6 形成油腔 4，向心油泵 27 将油腔中的净油泵出分离筒。分出的水沿分离盘组的外缘上升，经顶盘流至油腔上部的水腔 2 溢过重力环 3，由向心水泵 26 泵出。分出的渣朝筒内四周运动，汇集在分离盘组外缘的渣空间 13，通过排渣口 12 定时排出。重力环或分杂盘被小锁紧圈 5 固定在分离筒盖上，此锁紧圈也构成小腔的上盖。其自动排渣系统主要由滑动底盘（也称为分离碗）15、滑动圈 16、配水盘 34 及工作水系统等组成。

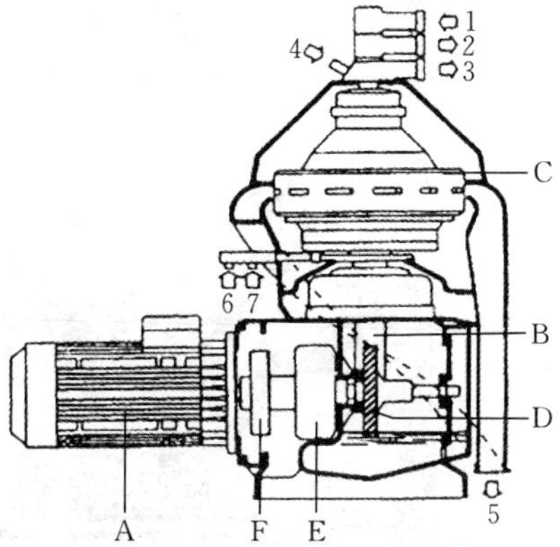

图 3-8　自动排渣分油机的主要结构

1. 油进口　2. 净油出口　3. 水出口
4. 水封水/置换水进口　5. 排渣口
6. 开启水进口　7. 密封/补偿水进口
A. 马达　B. 立轴　C. 分离筒本体
D. 涡轮机构　E. 摩擦离合器
F. 弹性联轴器

该分油机的工作过程可以自动控制也可以手动控制，具体叙述如下：

① 当要进行分油作业时，启动分油机，3～5 min 后达到额定转速（分油机启动控制箱上的电流表由较高的启动电流下降为一个稳定的额定工作电

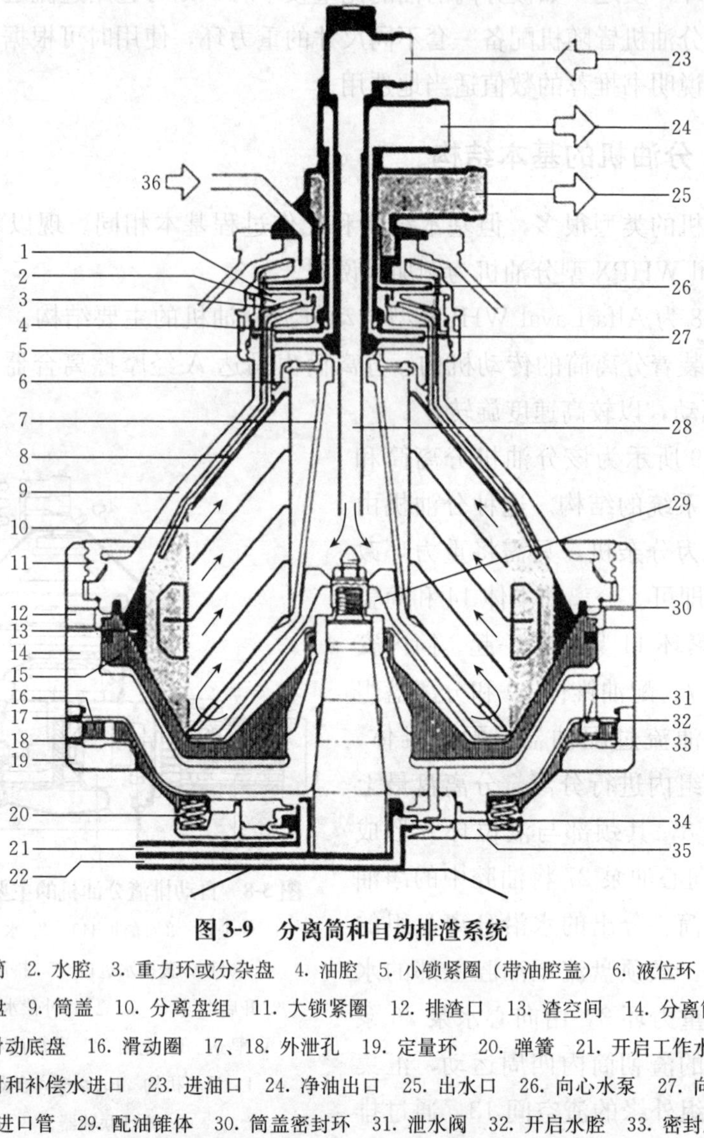

图 3-9　分离筒和自动排渣系统

1. 带翅套筒　2. 水腔　3. 重力环或分杂盘　4. 油腔　5. 小锁紧圈（带油腔盖）　6. 液位环　7. 配油器　8. 顶盘　9. 筒盖　10. 分离盘组　11. 大锁紧圈　12. 排渣口　13. 渣空间　14. 分离筒本体　15. 滑动底盘　16. 滑动圈　17、18. 外泄孔　19. 定量环　20. 弹簧　21. 开启工作水进口　22. 密封和补偿水进口　23. 进油口　24. 净油出口　25. 出水口　26. 向心水泵　27. 向心油泵　28. 进口管　29. 配油锥体　30. 筒盖密封环　31. 泄水阀　32. 开启水腔　33. 密封水腔　34. 配水盘　35. 弹簧座　36. 进水口（水封水/置换水）

流），打开密封和补偿水阀，密封和补偿水进口 22 进水，密封水经配水盘进入滑动底盘下部的密封水腔 33。由于此时在弹簧 20 的作用下，滑动圈将泄水阀 31 关闭，密封水腔形成密封状态。在分离筒高速运转的情况下，滑动底盘下方的压力大于上方的压力，从而使滑动底盘紧压在分离筒盖上，使其保持密封，以进行分油作业。

② 分离筒密封好后，便可开启进水口 36 进水封水（若分杂可免此项作

业)。待分离筒水封好后(一般以出水口 25 有少量水流出为准),便可进油。进行正常分油作业。若在分油过程中,密封水有少量泄漏,密封和补偿水阀便打开,从密封和补偿水进口 22 进水进行补偿。

③ 当要排渣时,进油口 23 停止进油,进水口 36 进置换水,进行分离筒内部冲洗和赶油,以利排渣和减少排渣时油的损失。然后打开开启工作水阀,开启工作水进口 21 进水,经配水盘进入开启水腔 32,直至滑动圈上部开启水压力大于下部弹簧 20 弹力。此时滑动圈向下移动,打开泄水阀 31,使滑动底盘下部密封水腔的密封水泄出。滑动底盘此时在其上部的压力作用下迅速下落,打开排渣口排渣。

排渣完毕后,若需继续分油作业,可重复上述动作①和②。若需停机,便可直接停机。

自动排渣分油机按其分离筒开启排渣时的排渣量不同分为全排渣分油机和部分排渣分油机。每次排渣时将分离筒内液体全部排空的排渣方式为全排渣,仅排出分离筒内部分液体的排渣方式为部分排渣。全排渣方式损失油和水,排渣前要停止分油、供置换水,缩短有效分油时间。而部分排渣分油机排渣时不用停油和供置换水,只将分离筒内部分液体(水和泥渣)排出,使分油机既能连续地分油又不损失燃油。部分排渣是通过分油机工作水系统严格控制分离筒的开启(排渣)时间实现的。

三、分油机的使用和维护管理要点

1. 分油机工作参数的确定

(1) 最佳分油量的确定　最佳分油量的多少首先应满足主机燃油或润滑油消耗量的需要,根据分离温度和分油机的类型决定。在确保满足需要的前提下,分油机的分油量选得小些,分离效果较好。实践证明,用于分离燃油时,实际分油量取额定分油量的 1/2 时,分离效果最佳,实际分油量一般最高不超过额定分油量的 2/3。用于分离润滑油时,则以额定分油量的 1/3 为佳。

(2) 最佳加热温度的确定　黏度较高的油料,在分离前应经加热,使之黏度降低,油料经加热后密度也有所减小,与固体杂质的密度差增大,有利于分离效果的提高。油料的加热温度与其闪点等性质有关,一般宜控制在 85 ℃以下。对含水分较多的重油可略高一些。加热温度过高,会使油中的水分汽化,混于油中,反而造成分离困难。如水蒸气渗入分油机的润滑油中，还可能影响分油机的正常润滑。若被分离油液的密度、黏度降低而分离温度反而增加时，会引分油机的油水分界面内移。

（3）重力环口径的确定　由分油机的工作原理可知，分水机的分油质量取决于油水分界面的位置，而油水分界面的位置由重力环的内径确定。选择重力环的原则是：所分燃油的密度越大，所选用重力环的内径应越小；在不破坏水封的前提下，应尽量选用内径大一些的重力环。因此，每台分油机均附带一套不同内径的重力环，以备选用。一般在分油机的说明书中都附有选择重力环的图表。在分油机的运行管理中，要根据所分油的密度和温度正确选择重力环。

2. 分油机的启动、运行和停用

（1）启动　分油机启动前应仔细检查。一切正常时，才可合上电动机电源、投入运转。应检查如下几个方面：

① 电动机轴、分离筒等有无机械障碍和卡阻现象。

② 齿轮箱中滑油是否在油位刻度线高度，油泵处的油杯润滑油脂是否加足。

③ 待分离的油是否已被加热至适当的温度。

④ 制动器是否已脱开。

（2）运行

① 分油机启动后，待分离筒转速达到全速时，将控制阀转到分油位置，并将分油机顶部的引水阀打开，向分离筒中注入封水。

② 然后缓慢地开启设在油料进口处的进油调节阀，逐渐增至所选定的分油量。进油阀不可开得太快。进油过猛有可能使水封破坏，引起“跑油”或溢油。油料进入分离筒后会将一部分水封水赶出，直至油水分界面两侧压力达到平衡。

③ 分油机工作过程中应保持一定的加热温度和分离油的流量。

④ 密切注意分油机的排油和排水情况。排油中不应混有水，排水中也不应混有油。发现存在油、水混合现象，应检查所选用的重力环尺寸是否合适，如果不合适，应予以必要的调整更换。

⑤ 无自动排渣机构的分油机，应定期排除筒内积存的杂质。分离筒内杂质积存过多，会影响分离质量。

⑥ 运转中如发现分油机中存在不正常的噪声和振动，应立即停车检查，排除故障。

(3) 停用

① 停用前应停止加热器的蒸汽供给和切断进油。如果分离的是重油或重柴油，在切断进油前可改用轻柴油，以冲洗油路和防止停车后油料在管路中凝固。

② 开启引水阀，冲洗并回收分离筒中的剩油。

③ 切断电源，使分油机自然停止运转。

④ 停车后根据实际情况，拆洗分离筒或检查和更换易损件。

四、分油机常见故障与处理

1. 分离效果不佳

主要原因有分油量太大、分离油温太低、重力环选择不当及分离筒内杂质积存过多。应确定最佳分油量、提高被分离油的油温、更换合适的重力环和及时排除分离筒内分离出的固体杂质。

2. 出水口大量跑油

分油机刚启动运转时出水口大量跑油，大多因进油阀开启太快，大量油料进入分离筒使水封破坏而引起。这时应重新注入水封水，并缓慢地开启逐渐开大进油阀，避免跑油现象的发生。分离筒中如注入的水封水量太少，水侧压力不足以与油侧压力平衡，油水分界面向外移动，也会引起出水口跑油。对应于一定黏度的油料，如果重力环口径选得太大，使出水阻力下降，同样会使油水分界面外移，出水口跑油。针对以上情况，应增加水封水和调换口径小一些的重力环。运转过程中，如果分离油的加热量减少，油温降低，由于油的黏度增大，比重增大，也会发生跑油现象，故分离过程中应保持合适的分离温度。当然。如果净油泵发生故障，分离筒内油量增多，最终也将使出水口大量跑油，这时应迅速检修并恢复泵的工作能力。

3. 出油口大量溢油

进油阀开启度太大，进油过猛，以及分油量太大，而重力环口径选择得太小，都会使分离油从出油口大量溢出。此外，如果分油机长时间工作而未排渣，分离筒中杂质积存量太多，使油水分界面向内移动，也会引起出油口溢油。针对以上情况，应关小进油阀、减少分油量和更换重力环。如果积渣过多，则应排渣后再进油。

4. 出现异常振动或噪声

除了因排渣未排净、分离筒内因积渣不均匀而引起运转时产生振动和噪声外，其他皆由机械故障引起。如分离筒零件未“对号入座”或没有对准装配记号、分离筒与机盖擦碰、啮合齿轮或滚动轴承损坏、齿轮干摩擦，以及部分紧固件松动等。

5. 分离筒转速达不到额定值

分油机电机轴与大螺旋齿轮水平轴之间装有摩擦式离合器。分离筒转速达不到额定值，如果不是由于电动机本身故障、电压不足等原因引起，则多由于摩擦片磨损、打滑或有油脂混入联轴节而引起，这时应清洗或更换摩擦片。还有一个原因可能是由于疏忽而未将制动器松开，由于运转阻力增大而使转速无法提高。故启动分油机前，应先松开制动器。

第四节　冷却系统

一、冷却系统的类型和组成、主要设备及其作用

柴油机运行中，燃烧室部件要承受30%～33%燃油燃烧的热量，气缸内最高燃烧温度为1 800～2 000 ℃。

如果柴油机过热会造成以下后果：①零件强度大大降低，在热负荷和机械负荷作用下容易损坏，如活塞烧熔、活塞环失去弹性、气缸盖翘曲或裂纹、气阀变形烧蚀等。②过度的膨胀变形会使活塞与气缸壁、活塞环与活塞环槽间隙产生较大的变化，破坏零件之间正常的配合关系，造成卡滞、拉毛甚至咬死现象。③高温使滑油黏度降低，氧化变质，甚至分解、胶化、结焦而丧失润滑性能，加剧机件磨损并使燃烧室漏气。④由于组成燃烧室的各零件温度升高，充入气缸内的新鲜空气温度很快升高而膨胀，致使进气密度降低，充气量减少，柴油机功率下降。

因而在柴油机中均设置冷却系统，保证足够而连续的冷却介质流量及适当的冷却介质温度。

从能量利用观点来看，柴油机冷却是一项能量损失，但从保证柴油机正常工作考虑又是必须的。柴油机冷却有以下作用：

①保证受热部件的工作温度不超出材料允许的上值，保证高温下部件的强度。②保证受热件内外壁面的适当温差，减少热应力。③保证运动部件之间的适当间隙和壁面工作面上的油膜处于正常状态。

渔船上的柴油机冷却系统一般分为闭式冷却系统和开式冷却系统两种类型。

1. 闭式冷却系统

闭式冷却系统是用淡水冷却柴油机，再利用海水冷却淡水。

(1) 主要设备及作用

① 水泵：海水泵和淡水泵，通常都用离心泵。

② 膨胀水箱：作用是膨胀、补水、驱气、投药、暖缸（有加热装置时）。

③ 平衡管：膨胀水箱至淡水泵进口端的管子，作用是补水并保持水泵吸入压头。

④ 淡水循环柜：作用同膨胀水箱，汇总各缸冷却水、补水、投药、加热暖缸。

⑤ 冷却水温度自动调节器（类似恒温器）

工作原理：冷车启动后，先将淡水封闭循环，阻止淡水经过淡水冷却器接受海水的冷却，防止淡水过冷造成燃烧室部件温差过大。待淡水温度上升到一定值后，自动开启，将淡水通过淡水冷却器冷却。另一方法是通过调节海水通舷外阀的旁通阀，将部分经淡水冷却器后温度高的海水引回海水泵的进口，提高海水进口温度，从而起到调节淡水温度的作用。冷却水温度自动调节器的开关主要依靠温度继电器（电磁阀）来控制，有的小型调节器则利用密封在其中的介质（如石蜡）的热胀冷缩作用来达到。

(2) 海水系统

海水由海水泵经通海阀和滤器吸入，并压送至滑油冷却器冷却滑油，接着又进入淡水冷却器冷却淡水，最后经排出阀排出舷外。有的机型还将海水泵的出水或淡水冷却器中的海水出水引至齿轮箱滑油冷却器及单环式推力轴承底部滑油冷却器中冷却滑油，然后再排出舷外。

(3) 淡水系统

在缸套水冷却系统中，淡水流动路线可以有两种方案：

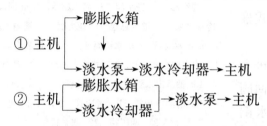

① 主机 → 膨胀水箱 ↓ 淡水泵 → 淡水冷却器 → 主机；主机 → 淡水泵

② 主机 → 膨胀水箱、淡水冷却器 → 淡水泵 → 主机

两者的区别在于：①方案中淡水泵供应的淡水先去淡水冷却器，然后再进主机；②方案中则先进主机，然后再去淡水冷却器。

(4) 水温的调节

为了控制淡水的温度，设有自动调温器，可使淡水温度自动控制在规定的范围内。各缸的气缸盖出水管处设有调节阀和温度表。当各缸出水温度不一致时，可通过调整调节阀的开度来调节各缸的冷却水量，使各缸的出水温度保持一致。

(5) 闭式冷却系统的优点

① 淡水中所含的盐分和杂质较少，腐蚀和结垢并不严重，能保持机件良好的散热。

② 出水温度可提高到 75～90 ℃，进水温度不受自然环境的影响且可自动调节，使进出水温差较小，同时使机件所受的热应力不致过高。

③ 燃气与冷却水之间的温度降减少，减少了传给冷却水的热损失，提高了热效率。

2. 开式冷却系统

开式冷却是直接把海水泵入柴油机来冷却气缸套和气缸盖等处，再排出舷外。图 3-10 为 6300 型柴油机开式冷却系统。

柴油机前盖板上装有可逆转的离心式海水泵，由曲轴齿轮直接传动。海水经机舱通海阀、进水阀、海水滤器和止回阀由离心泵吸入后，经三通旋塞被输送至滑油冷却器，再经柴油机进水总管进入机体冷却水腔，然后由弯管接入气缸盖，最后经调节旋塞转入排气总管冷却水腔，汇集于出水总管排出舷外。在滑油冷却器后，海水有一支管通单环式推力轴承底部的滑油冷却器。

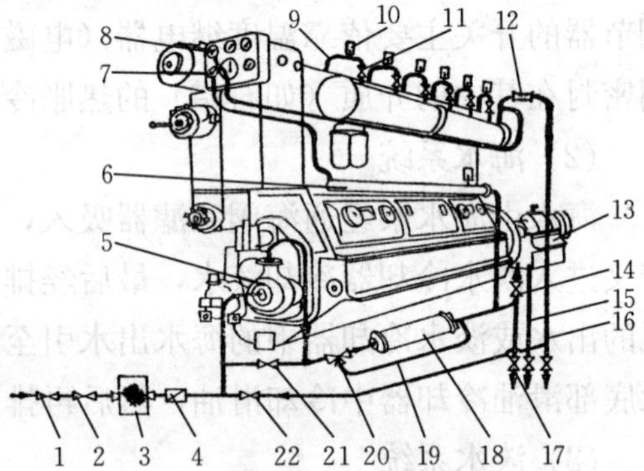

图 3-10　6300 型柴油机开式冷却系统

1. 通海阀　2. 进水阀　3. 海水滤器　4. 止回阀　5. 冷却水泵　6. 进水总管　7. 压力表　8. 遥测温度计　9. 出水支管　10. 水银温度计　11. 调节旋塞　12. 出水观察器　13. 单环式推力轴承　14. 调节阀　15. 轴承出水管　16. 出水总管　17. 放水阀　18. 滑油冷却器　19. 旁通管　20. 三通旋塞　21. 调压阀　22. 调温阀

海水滤器用来阻拦杂物进入管系，防止管系被堵塞。止回阀用来防止吸入管路中的海水倒流，使停车后仍能保持满水，保证水泵启动可靠。调压阀用来保证管系中的压力（通过调压弹簧调节），压力超过时调压阀开启，一部分出水又回到水泵进口，以保证水泵的出口压力。调温阀用来调节进水温度，自动温度调节器保证进冷却器的海水温度不低于 25 ℃。利用柴油机排出的部分热水经旁通阀直接回到水泵进口，以便在柴油机各种负荷条件下调节和控制进水温度，以保证柴油机冷却温差和热应力状态的稳定。三通旋塞用来控制通过滑油冷却器的水量，以控制滑油温度，当滑油不需要冷却时（刚启动时），可利用三通旋塞转换冷却水的通路，绕开滑油冷却器直接进入冷却机体的进水总管。开式海水管系的海水泵吸入管上，通常装有一个应急舱底水吸口，用途是当机舱进水时作为应急排水吸口。

开式冷却系统的特点

① 优点：结构简单，水源充裕。

② 缺点

a. 水中含有盐分和杂质，容易生成水垢，妨碍换热，使机件温度升高且使水流受阻，流水不畅，产生局部过热，使电化学腐蚀和穴蚀严重。

b. 为防止盐分析出形成水垢，水温被限制在 55 ℃以内，致使机件的温差增大产生较大的热应力。

c. 由于进水和出水温度低，使燃气与冷却水之间温度降过大，散热损失大，热效率降低。

二、冷却系统的维护管理

经常检查和调整冷却系统的工作参数，并确保正常。

1. 淡水泵出口压力应调整在正常的工作范围

通常淡水压力应高于海水压力，防止冷却器泄漏时海水漏入淡水中，引起其变质。根据要求，检修时气缸冷却水空间的水压试验压力应为 0.7 MPa。

2. 淡水温度应根据说明书要求调整至正常工作范围

淡水温度过低：造成热损失增加、热应力增大、低温腐蚀、润滑油膜失去匀布性。

淡水温度过高：易使缸套滑油膜蒸发、缸壁磨损加剧、冷却腔内发生汽化、缸套密封圈迅速老化。

淡水出口温度：中、高速机在 70～80 ℃，低速机在 60～70 ℃。

淡水进出口温差不大于 12 ℃，以接近上限为宜。

3. 海水温度不能超过 55 ℃

温度过高，盐分析出，沉淀积垢，影响传热。

4. 冷却水温调节

柴油机冷却系统的冷却水，合理的流动路线和调节方法应该是冷却水自下而上流动，由调节出口阀开度大小控制冷却水温度。在柴油机强制液体冷却系统中，最理想的冷却介质是淡水。

一般开式循环海水冷却柴油机的缸套腐蚀，主要是由电化学腐蚀引起的。而闭式循环淡水冷却的柴油机中缸套穴蚀，则主要是由空泡腐蚀（穴蚀）所引起的。平时应注意对柴油机冷却水质进行处理，这是因为水中含有盐分，以免水温过高时形成水垢。柴油机冷却空间因结垢使冷却水进出口温差太小，易造成零件易出现过度磨损，甚至咬死；柴油机热负荷增大，零件易变形，润滑效果变差。为了保证柴油机经济而可靠地工作，其冷却水出口温度在数值上应接近允许上限值。柴油机在运转中，若淡水温度偏高应该关小海水管路上的旁通阀。柴油机运转中，淡水温度偏低时，正确的调整措施是开大淡水冷却器旁通阀。

5. 运行管理

① 检查各缸冷却水的流动情况，如需调节水量，允许慢调淡水泵出口阀，进口阀应处于全开。

② 定期检查膨胀水箱、循环水柜水位变化。防止系统各法兰接头的漏水现象，及时检查淡水冷却器的进出端温度变化情况，防止脏堵。

③ 备车时淡水系统循环 15～30 min，对冷却系统进行驱气。暖缸使水温达到 45 ℃，有利于缸内发火、启动，油膜均布，减少热应力。

④ 停车后，如有机外泵应使冷却水继续循环 20～30 min，使气缸温度渐降以减少热应力，防止柴油机过热，油膜蒸发或结炭。

⑤ 平常应注意海水滤器和海底阀是否被杂物堵塞，在寒冷地区航行时，应防止海底阀被冰块卡死，并保证海水进入冷却器温度不低于 25 ℃。大风浪等恶劣天气航行时，应及时排放空气。

第四章　轴系与推进装置

第一节　推进装置的传动方式

船舶推进装置也称主动力装置，是船舶动力装置中最重要的组成部分。它的功能是由船舶主机发出功率，通过传动机构和轴系传递给螺旋桨，同时又将螺旋桨在水中旋转产生的推力传给船体，以推动船舶航行。船舶主推进动力装置一般包括主机、传动机构、轴系和螺旋桨推进器等，如图 4-1 所示。

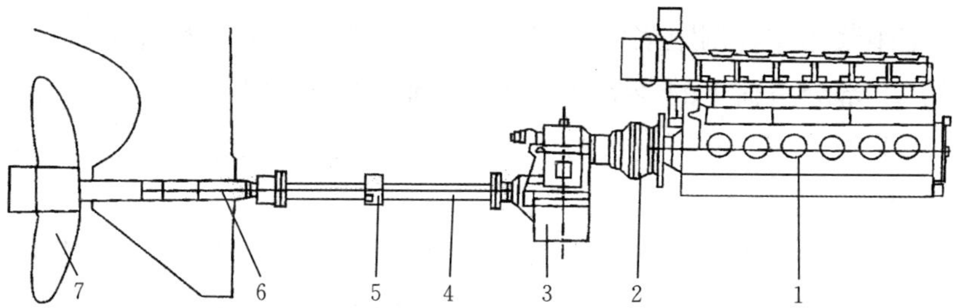

图 4-1　推进装置简图

1. 主机　2. 离合器　3. 减速齿轮箱　4. 中间轴　5. 中间轴承座　6. 螺旋桨轴　7. 螺旋桨

船舶推进装置按其传递功率方式的不同，可分为直接传动、间接传动、Z 形传动、调距桨传动、电力传动和液压马达传动等几种。渔业船舶常用的传动方式有间接传动及可调螺距螺旋桨传动。

一、间接传动

主机和螺旋桨之间除传动轴系外，还需经过减速器或离合器等中间传动设备来传递功率的方式，称为间接传动。根据中间传动设备配置的不同，间接传动可分为只带齿轮减速器、只带滑差离合器、同时带有齿轮减速器和滑差离合器三种。

间接传动方式的优点主要包括：①螺旋桨转速不受主机最低稳定转速的限制，机动性能提高。②轴系布置自由，主机曲轴和螺旋桨轴可以同心或不同心布置，能够改善螺旋桨的工作条件。③在带有正倒车离合器的装置中，主机不用换向，使主机结构简单，管理方便，改善了动力装置的操纵性能和机动性能。④采用减速器传动，主机可以采用中、高速柴油机，使装置的尺寸和重量缩小，有利于多机并车运行以满足功率要求，还可以设置轴带发电机以满足经济性要求。

间接传动方式的主要缺点是轴系结构复杂，传动效率低。间接传动方式在渔船中被普遍使用。

二、可调螺距螺旋桨传动

可调螺距螺旋桨又称为调距桨，通过改变螺旋桨的螺距来改变桨的推力大小和方向。调距桨的桨叶相对其桨毂可以转动，桨叶的相对转动可以改变螺距的大小，从而改变桨的推力大小和方向，实现控制船舶航速和航向的目的。

与定距桨相比，调距桨传动方式的优点主要包括：①船舶的操纵性和机动性好。②部分负荷下的经济性较好。③能适应船舶阻力的变化，并有利于驱动辅助装置，充分利用主机的功率。④不必设置换向装置和减速器，使结构简化。

调距桨传动方式的缺点主要包括：①结构复杂，造价高。②制造、安装和维护保养较困难，可靠性差。③桨毂尺寸较大，在设计工况下的效率比定距桨低。

第二节　轴　系

一、轴系的组成、作用和工作条件

1. 轴系的组成

在船舶主推进动力装置中，从主机曲轴输出端法兰到螺旋桨间的轴及其装置统称为传动轴系，简称轴系。轴系一般包括：①传动轴：主要由推力轴、中间轴、艉轴（或称螺旋桨轴）组成。②轴承：主要由推力轴承、中间轴承、艉轴承组成。③轴系附件：主要由润滑、冷却、密封装置等组成。

对于间接传动方式，还包括离合器、联轴器和减速器等。

2. 轴系的作用

轴系的作用是将柴油机曲轴的动力矩传给螺旋桨，以克服螺旋桨在水中转动的阻力矩。同时，又将螺旋桨在水中旋转产生的推（拉）力通过推力轴承传给船体，以克服船舶航行的阻力，使船舶前进或回退。

3. 轴系的工作条件

轴系位于船体水线以下部位，运转时受到主机传递的扭矩作用、轴系自重引起的弯曲变形，受到螺旋桨产生的阻力矩和推力作用，还受到船体变形、振动及螺旋桨水动力等引起的附加应力的作用。传动轴工作表面与轴承的相对运动还会产生过度磨损，在海水作润滑剂时还会受到腐蚀作用。

二、轴系的布置方案及各组成部分的布置要求

1. 轴线的布置

轴系通常由位于同一直线上的轴连接而成，位于同一直线上的轴中心线称为轴线。轴线的数目由船舶类型、航行性能、主机形式、装置的经济性及可靠性而定。渔船大多采用一根轴线，也有采用两根轴线的。

轴系一般从主机伸向船尾，也有特种船的轴系伸向船首。轴线的位置和长度取决于主机和螺旋桨的位置，前端是主机功率输出端法兰中心，后端是螺旋桨中心。有一根中间轴或没有中间轴的轴系称为短轴系，适用于尾机舱船；有两根或两根以上中间轴的轴系称为长轴系，适用于中机舱船。理想的轴线位置是与船体的龙骨线（基线）平行，对多轴线，轴线还应与船体纵中剖面保持对称。因而单桨船的轴线通常布置在纵中剖面上，双桨船的轴线对称布置在两舷。

但是，理想的轴线位置有时很难实现。如主机位置比较高而船舶吃水比较浅时，为保证螺旋桨能浸入水下一定深度，有时不得不使轴线向船体尾部倾斜一定角度，如图 4-2a 中所示的 α 角即为倾斜角。再如有些双桨或多桨船的轴系，为使螺旋桨叶的边缘离开船的外板并留有一定空隙，允许轴线在水平投影面上与船舶纵中剖面偏斜一定角度，如图 4-2b 所示的 β 角。为避免螺旋桨推力损失太多，同时保证主机工作可靠，一般倾斜角 α 不超过 $5°$，偏斜角 β 不超过 $3°$。

2. 轴承的布置

（1）推力轴承　推力轴承主要承受螺旋桨产生的轴向推力或拉力，并将其传递给船体，使船舶前进或后退。有些推力轴承也承担一部分径向负荷。

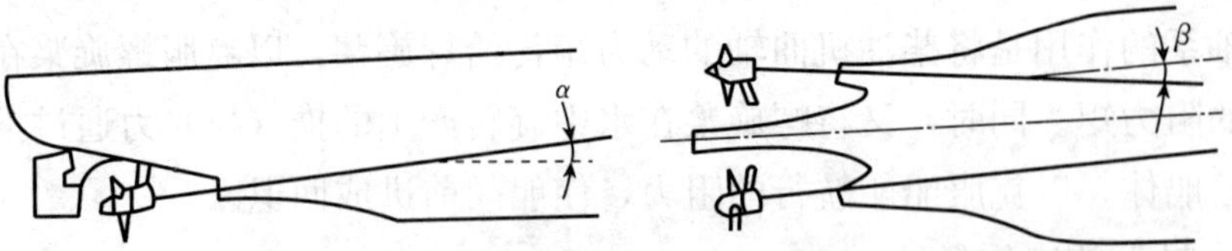

a　　　　　　　　b

图 4-2　轴系的倾斜角与偏斜角

a. 轴系的倾斜角　b. 轴系的偏斜角

主柴油机采用直接传动，推力轴承一般由主机自带，设置在曲轴箱内；对减速箱间接传动的推进装置，推力轴承多设置在减速箱中。

（2）**中间轴承**　中间轴承的作用是支承中间轴并径向定位。中间轴承的数量、位置和间距对轴系工作的可靠性有很大影响。每根中间轴多由一个中间轴承支承，少数也有设置两个轴承的。中间轴承由轴承座固定在船体上，当船舶装载量变化、航行中遭遇波浪载荷的冲击发生变化时，船体不可避免地会发生变形。在实际应用中应适当减少轴承数量、增大轴承间距，尤其是对船体结构强度较弱的船舶，这样做虽然使轴承负荷和轴系弯矩有所增加，但由轴系变形牵制作用引起的附加负荷反而减小。

中间轴承的数量应根据每根中间轴上只设置一个支承点的原则确定。一般将中间轴承布置在距中间轴一端法兰端面（0.18～0.22）L 处，L 为该中间轴的长度，如图 4-3 所示。轴系校中时，在距另一端法兰端面（0.18～0.22）L 处设置一个临时支承，以减小中间轴因自重产生的弹性变形对两端法兰偏移量的影响，使法兰仍与未发生弹性变形时的轴线垂直。轴承布置时，应尽量不将两轴段的连接法兰设置在相邻两轴承间距的中部，否则将导致轴系挠度过大，使轴系安装和校中施工难以进行。

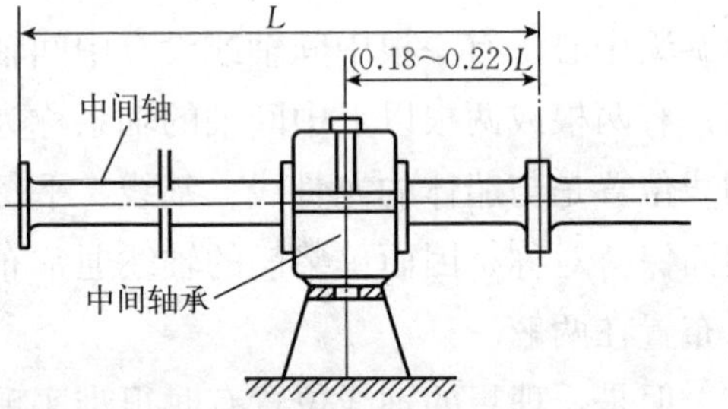

图 4-3　中间轴承位置

（3）**艉轴承**　螺旋桨轴一般由两道艉轴承支承。较短的艉轴可只采用一道艉轴承，艉轴过长时也可采用三道艉轴承。采用三道艉轴承时，将使船体尾部结构复杂化，易引起各轴承受力不均。

在船舶轴系各轴承中，中间轴承很少发生故障，但艉轴承因受螺旋桨的剧烈干扰，容易产生横向振动，其工作条件恶劣，容易损坏，且损坏后修理困难，所以对艉轴承间距的要求比中间轴承严格。艉轴承的 L/D 值（L 为艉轴承间距，D 为艉轴直径）的推荐范围为

$$D=400\sim650\ \text{mm},\ L/D\geqslant12 \qquad (4-1)$$

$$D=230\sim400\ \text{mm},\ L/D\approx14\sim25 \qquad (4-2)$$

(4) 轴承高低位置的确定　轴线的位置由轴承的位置决定，因而各轴承孔中心的连线就代表了轴线。轴承位置总体布置好后，对各轴承在垂直方向和水平方向上的对中性也要严格检查和调整，轴系校中不良将产生严重后果。对中小型船舶，各轴承中心线可按直线布置。对螺旋桨较重的大型船舶，为减小螺旋桨重量对轴承的影响，使各轴承负荷分配均匀，轴线常采用曲线布置，此时各轴承的高低位置需根据校中计算结果确定。

3. 轴承的负荷

轴承负荷的大小可用轴承比压表示。轴承的比压必须处于允许范围内，且各轴承的负荷必须均匀分配。若轴承负荷过重而使比压超出允许范围，则轴承将迅速磨损或引发其他事故；若轴承负荷为负值（仅轴承上瓦受压），则会造成邻近轴承负荷过重；若轴承负荷为零，则表示该道轴承可有可无。一般来说，各道轴承所受正压力应不小于相邻两跨轴重量的 20%。

综上所述，轴系的布置涉及轴系设计、生产制造、安装施工和维护管理等多个环节，合理的轴系布置对于确保轴系工作状态的安全性和可靠性至关重要，轮机管理人员在监造和监修时应严格执行有关造船规范的相关规定和要求。

三、中间轴和中间轴承、艉轴与艉轴管的结构

1. 中间轴

中间轴的作用是连接各主要轴段，还可在中间轴上安装其他传动设备，如离合器、刹车装置、减速器等。中间轴按其两端连接件的不同，主要有两种类型：带整锻法兰的中间轴和两端为锥体的中间轴。前者多用于大中型船舶，后者多用于小型船舶或采用滚动式中间轴承的船舶。

中间轴一般用优质碳钢制造。相邻轴端法兰之间采用螺栓连接，螺栓受到紧固安装时产生的拉应力和传递扭矩时产生的剪应力的联合作用。船舶倒航时，螺栓受拉，使拉应力大大增加；轴系安装不正和扭振等还可使螺栓受到较大的附加应力。因此，对连接螺栓的加工和安装都有较严格的要求。为

使连接螺栓在螺栓孔中不松动，连接螺栓中应有 50％以上是紧配螺栓，对中小型船舶也应不少于四只，并要求紧配螺栓和其他螺栓相间排列。

2. 中间轴承

中间轴承是为了减小轴系挠度而设置的支承点，用于承受中间轴的重量及因轴系变形和各种形式的运动而造成的附加径向负荷。

中间轴承的结构形式很多。按其摩擦形式的不同可分为滚动式和滑动式两大类。按润滑方式的不同，滑动式轴承又可分为滑环式和固定油盘式两种。滑环式的结构简单，管理方便，寿命长，但由于油环和轴颈间存在滑动，机动航行特别是当轴系转速较低时易造成润滑不良，且滑环容易损伤轴颈，所以滑环式中间轴承在大型船舶上应用越来越少。固定油盘式滑动轴承是目前应用较多的轴承，其结构以滑环式轴承为基础，将滑环改为固定式油盘，如图 4-4 所示。轴瓦左侧装有固定于轴颈上的油盘 2，轴系工作时油盘随轴颈一同回转，将油池中的油带到上面，由位于上部的刮油器 6 刮油，使滑油沿轴向分布在轴颈上。因而固定油盘式轴承在低转速时的润滑效果较好，克服了滑环式轴承随动性差的缺点，保证润滑可靠，抗振性强。

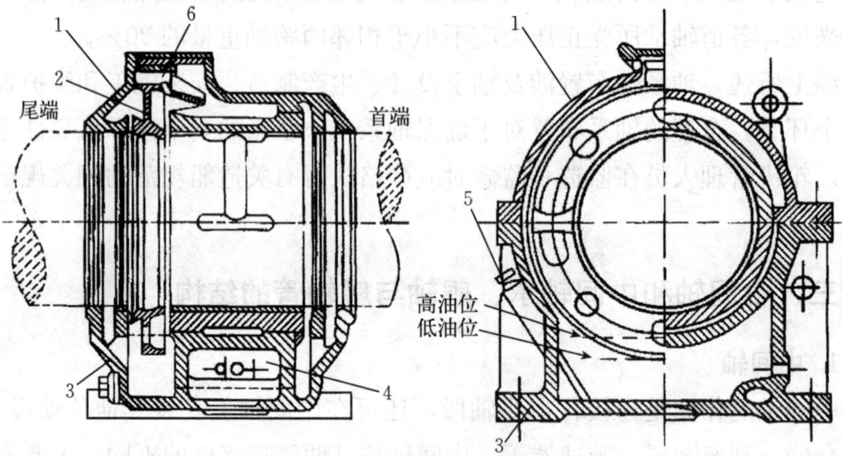

图 4-4　油盘式中间轴承

1. 轴承盖　2. 油盘　3. 轴承座　4. 冷却水腔　5. 油位计　6. 刮油器

中间轴承主要用来承受轴的自重，仅下轴瓦受力，故有些中间轴承只有下轴瓦，而无上轴瓦。

3. 艉轴

艉轴位于轴系的末端，首端与最后一根中间轴的法兰相连，尾端穿过艉轴管伸出船尾。螺旋桨直接安装在尾端的艉轴也称为螺旋桨轴。当艉轴伸出船体过长并由两段组成时，装螺旋桨的那段轴称为螺旋桨轴，在它前面的那段轴称为艉轴。艉轴由法兰、轴干、轴颈、安装螺旋桨的锥形轴和螺柱等部分组成，其基本结构如图 4-5 所示。

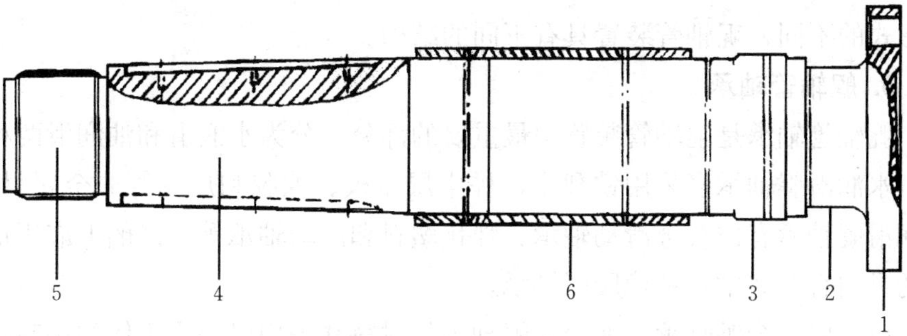

图 4-5 艉轴结构

1. 法兰 2. 轴干 3. 轴颈 4. 锥形轴 5. 螺柱 6. 青铜套

艉轴用优质碳钢锻造。艉轴法兰与中间轴法兰用紧配螺栓连接。艉轴由最后一道中间轴承支承，与艉轴管中的轴封和支持轴承相配合。在用海水润滑的铁梨木轴承中，为防止轴段腐蚀和减小轴与轴承间的摩擦磨损，在艉轴管中的轴段上装有铜套。由于轴套较长，制造和红套不便，铜套常分段加工、合成，并在接缝处采用密封性好的搭叠形式，套合后经滚压碾平，以防止海水漏入配合间隙而发生腐蚀。艉轴轴干裸露在海水中的部分一般包有玻璃钢保护层。

螺旋桨与艉轴间采用锥面压紧配合、键连接和螺母紧固。紧固螺母的旋紧方向与螺旋桨的正转方向相反，以使螺旋桨正转时螺母能自动锁紧。而倒车的使用时间短，功率也比正车小，所以采用止动片防松。螺母外装有流线型水密导流罩，既可减少水力损失，又可防止螺纹锈蚀。近年来，液压无键连接也越来越多地应用在螺旋桨和艉轴的连接上。当轴与桨毂锥面配合处的油压使桨毂产生弹性变形并被胀开时，液压螺帽中的油压推动螺旋桨向前移动至规定位置，待油压泄放后旋紧螺帽即可。同样用液压也可拆卸螺旋桨。

艉轴的工作条件比中间轴恶劣，因而故障也比中间轴多。艉轴的支持轴颈和密封轴颈可能因间隙不合适、轴线不正和润滑不良而发生擦伤、过度磨损、烧伤和锈蚀；红套的铜套和接缝可能因过盈量不足或过大而发生松动或裂纹；锥形轴段的过渡处和键槽处可能因疲劳、振动和撞击而出现裂纹；轴颈和轴干可能因密封不良而锈蚀。因此，要加强对艉轴的日常管理。

4. 艉轴管装置

艉轴管装置的作用是使艉轴伸出船尾，支承艉轴和螺旋桨的重量，防止海水漏入机舱内，同时也防止滑油漏出船外和漏入机舱内。艉轴管装置由艉轴管本体、艉轴承、密封装置、润滑和冷却系统等组成。按照艉轴管轴承润滑形式的不同，艉轴管装置具有不同的结构。

5. 艉轴管轴承

艉轴管轴承是艉轴管装置中最重要的部分，分为水润滑和油润滑两种类型。水润滑艉轴承多采用铁梨木、桦木层压板、橡胶和尼龙等非金属材料；油润滑艉轴承有白合金滑动轴承、强化塑料和滚动轴承等。渔船上应用最广泛的是白合金艉轴承和橡胶艉轴承。

（1）白合金艉轴承　油润滑艉轴承的材料常采用以锡为主体的锡基白合金和以铅为主体的铅基白合金，浇铸在衬套上，衬套材料有钢、铸铁、青铜和黄铜。

白合金轴承与钢制轴配对工作时，耐磨、耐压性能好，不伤轴，散热快，应用广泛。不过这种轴管结构比较复杂，管理工作较多，特别是尾部密封泄漏对检修不便，浪费滑油，污染航区。

（2）橡胶艉轴承　橡胶艉轴承是将橡胶用硫化法在模具上压制而成，有整体和条状之分。前者将橡胶与衬套硫化在一起而形成一个整体；后者在压制过程中加入金属芯条，以增强刚性，并在内表面上开设流水槽，采用从艉轴管首端强制供压力水，加强循环。

橡胶轴承的优点是弹性好，在含有泥沙的水中工作适应性强，不易磨损。工作时接触面积大，轴承压力比较均匀。又因水有黏附在金属表面的趋势，而不黏附在橡胶上，从而形成特殊的润滑油膜，所以冷却和润滑条件好，使用寿命长，工作平稳无噪声，且能吸收轴向振动。

橡胶轴承的缺点是导热性差，对高温和低温的适应性都差，很容易老化变质，故而其工作温度不能超过 65 ℃，且在 40 ℃还会变脆。橡胶轴承的加工精度只能靠模具来保证，而且其中的硫分还会对轴或铜套产生腐蚀，故而橡胶轴承在海船上应用较少。

6. 艉轴管密封装置

艉轴与艉轴承之间按规定要留有一定的间隙，而艉轴管首端与机舱相通，尾端与船外流水相通，所以在艉轴管中必须设置密封装置。艉轴密封装置除了受到剧烈的摩擦及磨损产生的高温外，在螺旋桨不均匀推力作用下及由正车至倒车的变工况过渡过程中，轴段的密封元件会产生剧烈的径向跳动和轴向窜动。此外，密封元件还受到油压或水压及其压力差的作用，以及海水的腐蚀和泥沙的浸入等影响。

对水润滑艉轴承，仅设置首密封装置。对油润滑艉轴承，在首、尾两端均设置密封装置，以形成闭式滑油循环。一个完整的密封装置应能承受巨大的舷外水压力，工作可靠，耐磨性能好，消耗的摩擦功小，散热性好，密封元件还应有很好的跟踪性，使其能在艉轴下沉、跳动、轴向窜动及偏心转动时仍保持较好的密封性，能并确保轴系旋转自如。

（1）水润滑的首密封装置

水润滑的艉轴管通常只在首端设置密封装置，以阻止舷外水漏入机舱。如图 4-6 所示为一种填料性密封，其首密封采用封闭的油脂润滑，利用填料压盖 7 和压盖衬套 6 的压紧力使填料函与偏心转动时仍保持较好的密封性能，并确保轴系旋转自如。

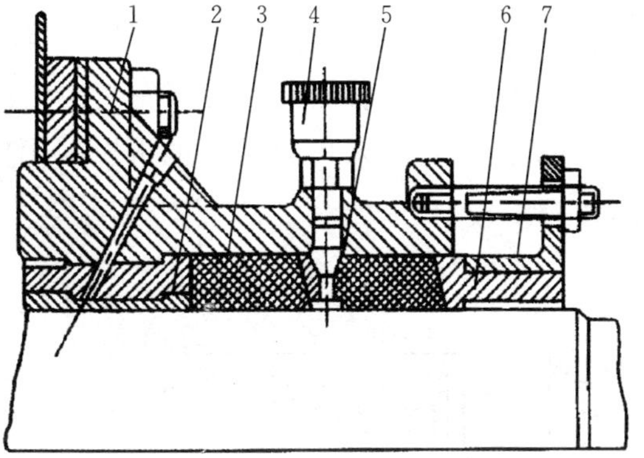

图 4-6　填料函密封装置

1. 套管　2. 前部艉轴承　3. 填料　4. 分油杯　5. 接头　6. 压盖衬套　7. 压盖

填料函式密封装置结构简单，效果好，不污染海域，制造维修方便（在航行中也能更换首部密封填料）。但为保证密封性，必须拧紧螺母以增加压盖压力，这样却会使轴功率损失增大，并使艉轴或套管磨损加快。因此，航行中要稍微放松压盖，允许少量水漏入机舱。填料函压盖衬套和套管常用青铜或黄铜合金制成，而填料常用渗油脂的麻索或石棉材料。

（2）油润滑的密封装置　油润滑的艉轴承必须在首、尾都设置密封装置。尤其是尾部密封装置，一旦发生泄漏，不仅滑油损失，且污染海域，修理时必须进坞，因而在设计、制造和安装方面要求都很高。Simplex 型密封装置采用橡皮环径向密封，具有摩擦损失小、密封性好、对艉轴的跟随好、维修管理方便、安全可靠、寿命较长等优点，是油润滑艉轴管采用的最普遍的一种密封装置。图 4-7a 所示为 Simplex 改进型首部密封装置。采用两只球鼻形的橡胶密封环，密封环的腰部较长，弹性和跟踪性很好。密封环和轴衬套接触时，径向借助于弹簧和油或水的压力压紧在轴衬套上，加之球鼻形密封环唇口与轴衬套的接触宽度小（0.5～1.0 mm），形成线接触状态而使接触压力集中，只要能形成油膜（厚度仅几微米），则向后翻的唇口接触处的压力就可达到润滑液体压力的几十倍，完全可以阻挡滑油从唇口沿轴表面浸润流动，故密封良好，使用寿命长。尾部密封装置位于船体之外，工作环境更加恶劣，且航行时又无法检查，因而对它的要求比首部密封严格，设计、制造、安装时都须充分注意。图 4-7b 所示为 Simplex 改进型尾部密封装置。密封元件由三个唇部装有箍紧弹簧的橡胶密封圈组成，其中一道唇口边向前翻，用以阻止艉轴管中滑油外漏，两道唇口边向后翻，用以阻止舷外水和泥沙进入艉轴管。这种装置可以在车间预装后连同耐磨被套一起送到船上安装。磨损监测器 6 用于探测艉轴承和密封件的磨损情况及工作性能。密封装置的各密封油腔（密封圈之间的空间）中应充以滑油，滑油可从螺塞处预先灌入再封死，也可以采用单独的重力油柜供油，以润滑密封圈。

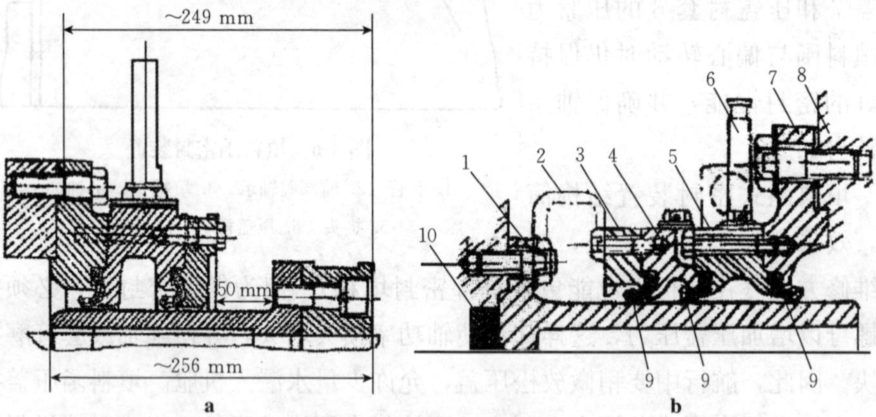

图 4-7　Simplex 改进型密封装置

a. Simplex 改进型艏部密封装置　b. Simplex 改进型艉部密封装置

1. 耐磨衬套　2. 定位夹　3. 后压板　4. 支撑环　5. 中间环　6. 磨损监测器（专用量具）　7. 后壳体　8. 艉轴管　9. 橡胶密封圈　10. 密封橡皮

四、艉轴管的冷却与润滑

艉轴管中的艉轴与艉轴承及密封装置是容易发热的部件，必须有适当的润滑和冷却。按润滑方式可分为水润滑和油润滑两种。

1. 水润滑艉轴管

水润滑艉轴管（如铁梨木、桦木层压板、橡胶艉轴承艉轴管）的润滑剂和冷却剂是水。水润滑艉轴管的冷却通过三种途径：①通过船尾金属将一部分摩擦热直接传给舷外水；②艉轴管一般通过艉尖舱，因而一部分摩擦热传给艉尖舱中的淡水或海水；③一部分摩擦热由流经艉轴纵向槽道和轴承间隙浸入机舱的舷外水带走。

由于艉轴管位于水面之下，且不设艉密封，利用自由流入轴承间隙和轴承里的舷外水或加装管系送来的压力水进行润滑。其首部密封一般采用封闭式的油脂润滑或是压力水润滑。一般情况下，只要首部密封装置的填料压盖压得不太紧（允许少量水漏入机舱），是能够可靠运转的。但由于在艉轴承首部和首密封装置处容易淤积泥沙，使冷却效果变差，甚至形成死水，因此一般在水润滑艉轴管的首部轴承处或填料函附近仍设置冷却水进出水管，以达到冲洗泥沙污物及加强首部冷却的目的。对于要求提供大量连续冷却水的橡胶艉轴承，可由所装设的管系送入压力水进行润滑和冷却。

2. 油润滑艉轴管

油润滑艉轴管的润滑剂是滑油，由设置在艉轴管上的润滑系统供给。中、小型船上使用的润滑系统比较简单，其艉轴管、艉轴承采用自然润滑法，即由一个重力油柜、一台手摇泵和进、回油管组成，称为重力式自然循环润滑系统。其艉轴密封偶件采用封闭式润滑。

五、传动轴系的管理

螺旋桨的悬伸布置会导致传动轴系各道轴承受力不均，因而除在设计与制造过程中严格按船规要求执行外，还应在日常工作中加强对轴系的管理，保证轴系安全可靠地运转，延长其使用寿命。

1. 确保中间轴承和艉轴管冷却海水的供应

2. 注意定期检查中间轴承的工作状态

要注意检查每道中间轴承的温度、油位、油环的工作和两端轴封密封情况，特别是注意最后一道中间轴承的工作温度。另外，船体变形也可能引起某个轴承发热，在巡回检查时要注意触摸。

3. 水润滑艉轴管的检查

在巡回检查时，要对艉轴填料函处进行触摸，以确定温度是否正常。加装填料时，填料每圈长度要两端刚好接拢，相互间搭口应错开。

4. 白合金轴承艉轴管的检查

对白合金轴承艉轴管要注意观察重力油箱的油质、油位和油温，油位变化较大则应检查密封装置是否漏油。特别是尾部密封装置。需按期抽验艉轴，及时更换密封装置。

各轴承的温度应不超过规定值，规范要求滚动轴承温度低于 80 ℃，齿轮箱传动的滑动轴承温度低于 70 ℃，轴系滑动轴承温度低于 65 ℃，水润滑轴承温度低于 60 ℃。

5. 运转中注意观察轴的跳动情况

检查各轴承是否有异常振动，个别部位是否发热甚至颜色变蓝（如果有，则该处是扭转振动的节点）。一般情况下，振动除与柴油机工作相关外，还与轴系和螺旋桨的工作状态有关。

6. 艉尖舱储水的处理

艉尖舱内的淡水或海水对控制巴氏合金轴承中的滑油黏度和水冷轴承艉轴管的冷却都起一定的作用，在航行中应注意不要将艉尖舱中的液体排干。

7. 轴系的检查

按规范要求，轴系要定期进坞检查。

第三节　齿轮箱和联轴器的作用、结构和工作条件

在间接传动的推进装置中，为完成各种传动功能，必须设置某些传动设备，如齿轮传动装置、联轴器、离合器、制动器等。这些传动设备的作用包括：汇集（对多机单桨）或分配（对单机带双桨或轴带发电机）主机功率；将主机转速变为所需转速；螺旋桨变向；减振和消除螺旋桨对主机的冲击等。以下主要介绍齿轮箱和联轴器。

一、齿轮箱

齿轮箱通过齿轮系将柴油机的功率传给螺旋桨。目前在船上使用的齿轮箱有三种类型：减速齿轮箱、离合倒顺减速齿轮箱、并车减速齿轮箱。齿轮箱起减速、换向、离合、并车、分车等作用。

1. 减速齿轮箱

减速齿轮箱多用于主机为中速机的场合，主要作用为减速。它可以分为

以下几种类型：单级减速齿轮箱、两级或多级减速齿轮箱、行星齿轮减速箱。

（1）单级减速齿轮箱　单级减速齿轮箱结构最为简单，最常见的只有一对减速齿轮，通常按输入和输出的相互位置分类。图 4-8a 所示为输入轴与输出轴不在同一直线上，但在同一垂直平面的减速齿轮箱，称为垂直异中心减速齿轮箱；图 4-8b 所示为输入轴与输出轴不在同一直线上，但在同一水平面上的减速齿轮箱，称为水平异中心减速齿轮箱。异中心传动的输入轴、输出轴布置比较自由，但它的最小中心距受齿轮强度的限制，又因为单机齿轮减速，故减速比不大。垂直异中心布置的机组占机舱面积小，宜在艉机型船舶上采用；但主机中心升高，影响船舶稳定性，箱壳有时会影响双层底结构。水平异中心布置机组的主机重心低，对中部机舱和双机双桨的动力装置布置较方便，两主机间距易保证；但水平方向占机舱面积大，尤其对单机单桨船，主机在机舱中需横向偏置一定距离，不利于机舱的对称布置。

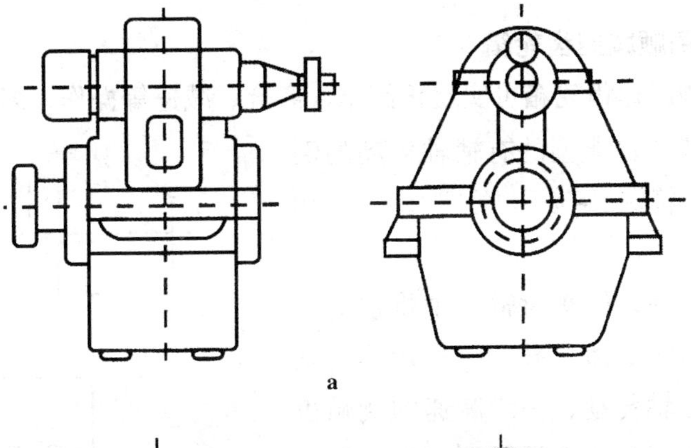

a

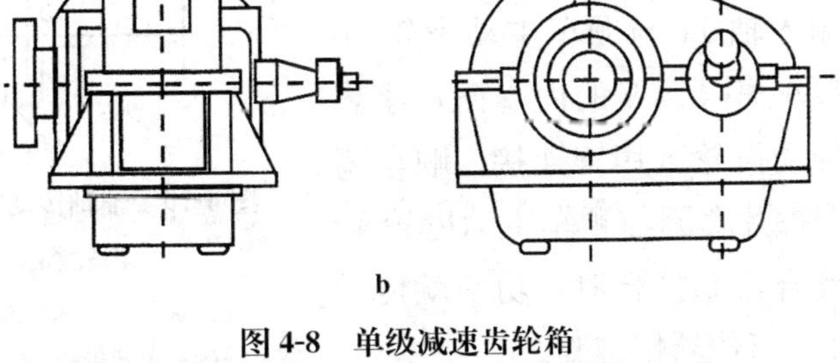

b

图 4-8　单级减速齿轮箱

a. 垂直异中心减速齿轮箱　b. 水平异中心减速齿轮箱

（2）两级或多级减速齿轮箱　两级或多级减速齿轮箱由两对或多对减速齿轮组成。图 4-9 所示为两级减速同心输出减速齿轮箱，适用于单机单桨船。这种装置有利于降低主机重心，改善船舶稳性，又能使柴油机和螺旋桨轴不发生偏置。采用两级减速，相对于同样速比的单机减速齿轮箱，齿轮强度提高，传递扭矩更大。

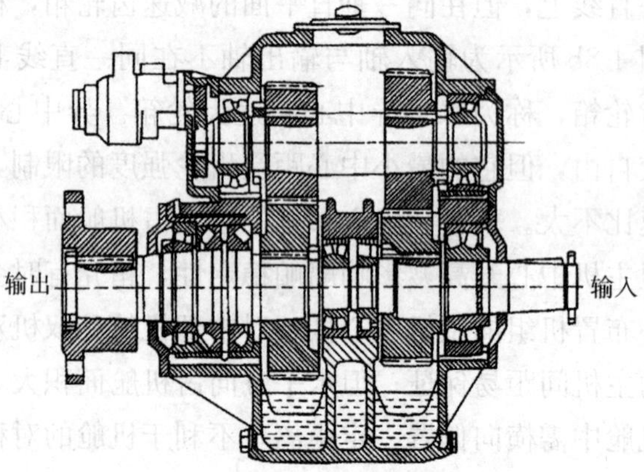

图 4-9　两级减速同心输出减速齿轮箱

2. 离合倒顺减速齿轮箱

离合倒顺减速齿轮箱可实现正倒车、离合、减速等操作，多用于高速柴油机推进装置。较典型的有辅轴传动的倒顺减速齿轮箱，其工作原理如图 4-10 所示。

辅轴传动是指倒车时输入轴将扭矩通过辅轴传递给输出轴。图 4-10 所示为三轴五齿轮倒车辅轴传动、一级减速的倒顺齿轮减速齿轮箱，其离合器并联布置，箱体垂直剖分。输入轴 11 与顺车主动齿轮 10 滑套，而与顺车离合器 9 的内摩擦片座热套连接，与传动齿轮 8 用键连接。顺车离合器 9 的外摩擦片套圈与顺车主动齿轮 10 相连接。当离合器 9 接合时，功率就传给从动大齿轮 2，再传给螺旋桨。

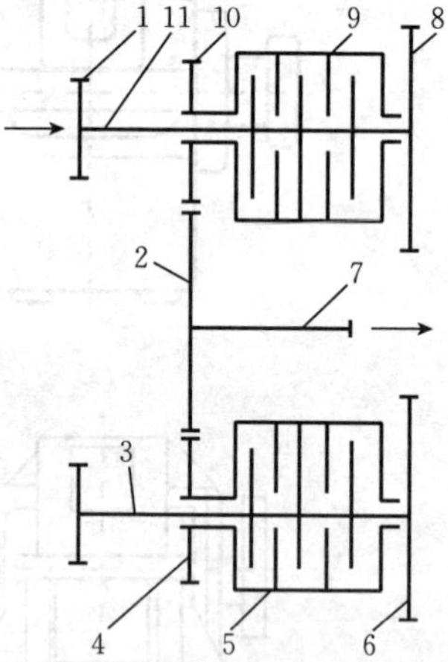

图 4-10　辅轴传动的倒顺减速齿轮箱工作原理

1. 输入齿轮　2. 从动大齿轮　3. 辅轴　4. 倒车主动齿轮　5. 倒车离合器　6. 传动齿轮　7. 输出轴　8. 传动齿轮　9. 顺车离合器　10. 顺车主动齿轮　11. 输入轴

倒车时，顺车离合器 9 脱开，倒车离合器 5 接合，扭矩通过传动齿轮 8 和 6 传到辅轴 3。辅轴结构与输入轴 11 相同。其扭矩传递路线在正车时为1—11—9—10—2—7，倒车时为1—11—8—6—3—5—4—2—7。

3. 船用齿轮箱的维护管理

① 系统检查。按油水系统管路图检查工作油管、润滑油管、冷却水管、备用油泵、过滤器、各种阀件及仪表等的工作状态。

② 油位检查。以量油尺上的油位标志为准，量油尺上刻有“停止”和“运转”标志，即齿轮箱不工作时的油位和工作时的油位。若油位太低，则油泵有吸入空气的可能；若油位太高，齿轮浸入油池太深，主机功率会受到损失。润滑油质应满足说明书规定。

③ 动车前的检查。将齿轮箱换向阀操作手柄推到“空车”位置，对主机和艉轴或中间轴盘车，检查主机和螺旋桨轴是否转动自如。

④ 启动主机，先低速空车运转5 min，然后将操车手柄推到“顺车”或“倒车”位置，各运转5 min。检查油压，空车时压力为0.2～0.6 MPa。有的齿轮箱当离合器接合时，工作油压力增加到2 MPa。压力的提高是通过两级压力调节阀来实现的。两级压力调节阀用以保证驱动齿轮箱平稳无冲击地换向，以保护动力装置。

⑤ 定期检查地脚螺栓。定期停车检查油位，若油量不够，则按规定补足。

⑥ 齿轮箱的工作油压力视所配的主机功率不同而调整，按说明书的规定操作。

⑦ 在单独安装油泵的情况下，第一次开动之前，须在各种管路系统串油约2 h。齿轮箱入口处应嵌上一只细滤网，用来过滤管道中残留的杂物。当油管直径大于20 mm时，细滤网还应有带孔圆盘支撑。圆盘由厚度2 mm的钢板制成，并在表面上布满直径为8 mm的孔，以防止油泥积累过多细滤网被压坏，使油泥落入管道系统。在泵串油时，可检查外部关系是否有泄漏。

⑧ 齿轮箱应先在部分负荷工况下运转，转速缓慢提高，然后满负荷运转，再调节冷却水流量，直到保持温度恒定为止。

二、联轴器

联轴器的作用是将各轴段连接成为整体。船舶上常见的联轴器有刚性联轴器和弹性联轴器两种。刚性联轴器分为固定法兰式、可拆法兰式和液压联轴器三种；弹性联轴器有非金属弹簧式和金属弹簧式两大类。

1. 刚性联轴器

刚性联轴器主要用于中间轴之间、中间轴与推力轴之间及中间轴与艉轴之间的连接。船上使用最多的是固定法兰式刚性联轴器，其主要优点为结构简单，制造成本低，管理方便，能传递较大的扭矩及能承受较大的推力；其主要缺点为不能消除冲击，不能消除超过允许使用偏差所产生的不良后果，且安装要求高。

图 4-11 所示为一种液压联轴的示意图。轴 6 和 9 端部套有外表面带锥度的内轴套 5，在内轴套 5 外又套有内圆面带锥度的外轴套 7，外轴套 7 上开有油孔 4 和 10，液压联轴器内圆面上还设有布油槽，外轴套 7 与活塞 8 构成油缸结构。

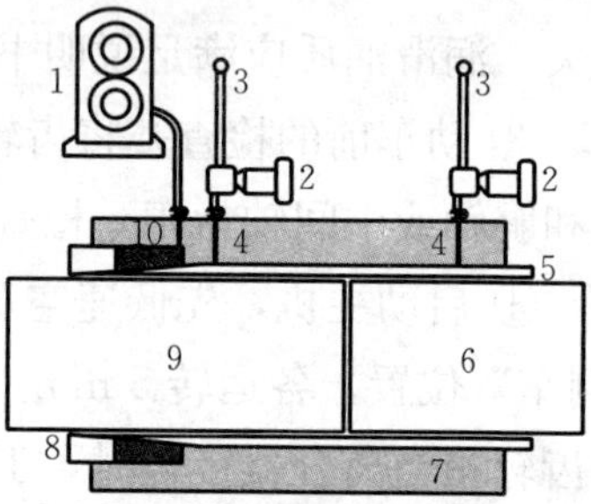

图 4-11 液压联轴器

1. 齿轮泵 2. 手动活塞泵 3. 驱动杆 4、10. 油孔 5. 内轴套 6、9. 轴 7. 外轴套 8. 活塞

两轴连接时，装好两个手动活塞泵 2 和一个电动齿轮泵 1，然后用手同时驱动驱动杆 3，压力油经油孔 4 进入内外轴套之间，将内轴套压缩、外轴套外胀。当压力油达到规定压力后，再开动齿轮泵 1，使压力油经油孔 10 进入油缸，并使内外套相对移动。待达到要求距离后，先后释放内、外轴套间及油缸中的油压，轴 6 和 9 就连接在一起。

可见，液压联轴器是靠轴套与轴装配过盈的弹性变形产生正压力，使轴与轴套的接触表面上产生摩擦力和摩擦力矩，扭矩就是靠摩擦力矩传递的。液压联轴器由于不需在轴上开设键槽，因而连接强度提高，加工工序简化，拆装也较方便。

2. 弹性联轴器

（1）弹性联轴器的作用　若主动轴与从动轴之间设有弹性元件（橡胶或弹簧），使其在扭转方向上具有弹性作用这种联轴器称为弹性联轴器。弹性联轴器的主要作用有：

① 改变轴系自振频率，从而衰减振动，降低扭振振幅，避免柴油机在使用转速范围内出现危险的共振转速。

② 当主机为中速机时，在柴油机和减速齿轮装置之间加装弹性联轴器，以改善减速齿轮装置的工作条件，减少交变扭矩对齿面的冲击，延长齿轮的

使用寿命。

③ 补偿轴系安装中产生的误差和安装后由船体变形产生的误差，避免齿轮的齿面接触不良和轴承过载等所引起的故障，保证推进系统正常运转。

④ 弹性联轴器在减振、隔音、防冲击、电气绝缘及隔热等方面也有良好效果。

(2) 弹性联轴器的类型

① 伏尔肯（Vulkan）型橡胶弹性联轴器

如图 4-12 所示，联轴器的弹性元件是两个橡胶环 2，借助螺栓和压紧环 3 分别固定在主动法兰 1 和从动法兰 4 上。主动法兰与柴油机飞轮相连，从动法兰装在输出轴上，主动法兰的扭矩则通过橡胶环 2 传给从动法兰。

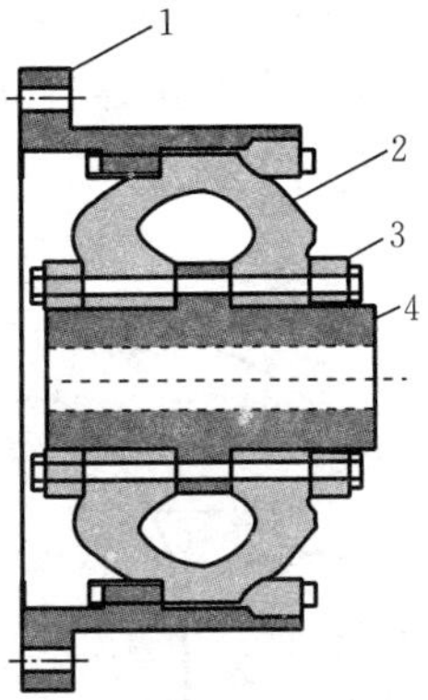

图 4-12　Vulkan 橡胶联轴器

1. 主动法兰　2. 橡胶环
3. 压紧环　4. 从动法兰

② 卷簧弹性联轴器

如图 4-13 所示，卷簧联轴器由内外构件和均匀布置在内外构件之间的沿圆周分布的卷簧组件构成。每组卷簧组件由若干个用弹簧钢板制成的开口卷簧组成，卷簧组件中各片厚度不同，由外向内逐渐减薄，从而可使每片弹簧承受的弯曲应力基本相同。卷簧压缩时所产生的最大弯曲力矩和最大变形由限制块限制，当卷簧围绕限制块弯曲时，卷簧的有效长度改变，故其扭转变形是非线性的。当联轴器内外构件做相对运动时，由于卷簧组件中各片卷簧之间的摩擦和滑油的流动阻尼作用，使联轴器具有相当大的阻尼特性。

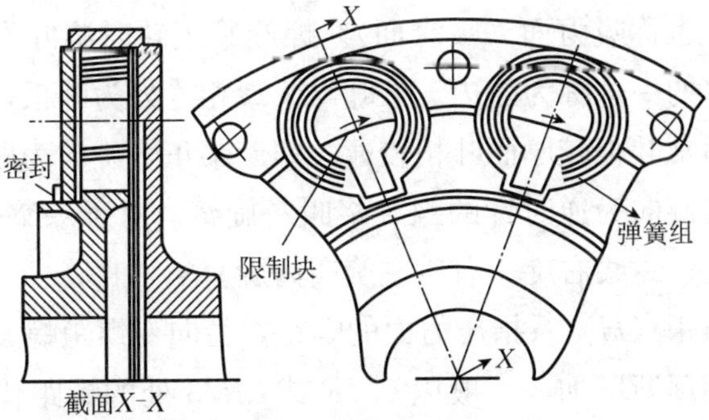

图 4-13　卷簧弹性联轴器

第四节 螺旋桨

螺旋桨是一种反作用式推进装置，螺旋桨旋转时，桨向后（或向前）推水并受到水的反作用力而产生向前（或向后）的推力。

一、定距螺旋桨

螺旋桨是由桨叶和桨毂两部分组成，如图 4-14 所示。桨叶是螺旋桨产生推力的构件，通常有三叶和四叶。桨毂是桨叶与桨轴的连接构件。有些螺旋桨还安装有导流罩（流线型桨帽），使螺旋桨尾部的线形光顺，降低螺旋桨工作阻力。

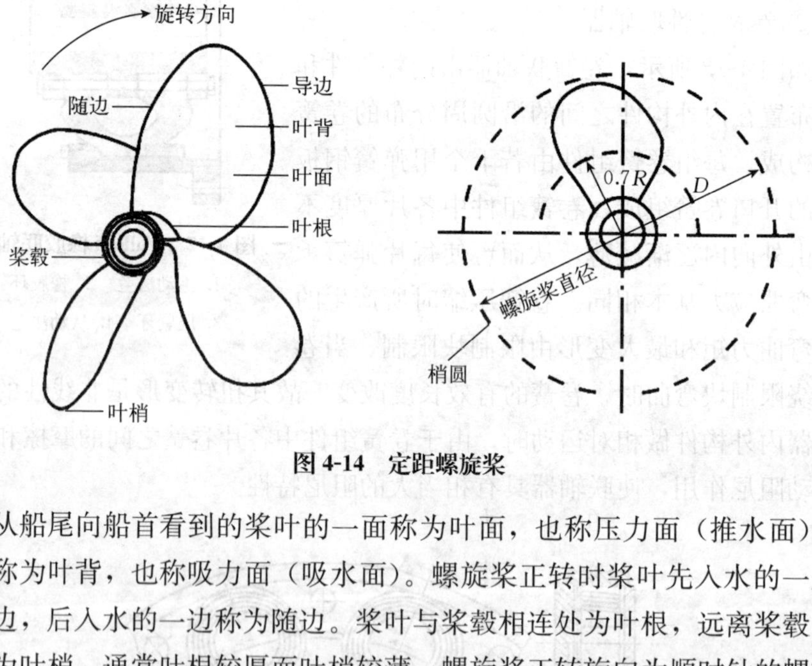

图 4-14 定距螺旋桨

从船尾向船首看到的桨叶的一面称为叶面，也称压力面（推水面）；另一面称为叶背，也称吸力面（吸水面）。螺旋桨正转时桨叶先入水的一边称为导边，后入水的一边称为随边。桨叶与桨毂相连处为叶根，远离桨毂的一端称为叶梢。通常叶根较厚而叶梢较薄。螺旋桨正转旋向为顺时针的螺旋桨叫右旋桨，正转旋向为逆时针的螺旋桨叫左旋桨。对于双桨船，左桨左旋，右桨右旋叫外旋；左桨右旋，右桨左旋叫内旋。

螺旋桨的螺距（H）系指压力面的螺距，径向变螺距螺旋桨的螺距，通常自叶根向叶梢逐渐增加，一般以 $0.7R$ 或 $2R/3$ 处的螺距代表螺旋桨的螺距，此值约等于螺旋桨的平均螺距。

螺旋桨的螺距与直径之比称为螺距比（H/D），它是螺旋桨主要的结构参数之一，其大小直接影响螺旋桨的性能。

盘面比（A/Ad）是所有桨叶展开面积总和与盘面积之比，是螺旋桨的另一个重要的结构参数。盘面比大，说明桨叶肥大，推水的总面积大。

二、可调螺距螺旋桨

可调螺距螺旋桨装置是通过转动桨叶与桨毂的相对位置来改变螺距，从而改变船舶航速或正倒航的一种螺旋桨推进装置。

可调螺距螺旋桨装置通常包括五个基本组成部分：调距桨、传动轴、调距装置、液压系统和操纵系统。图 4-15 所示为调距桨装置的组成。

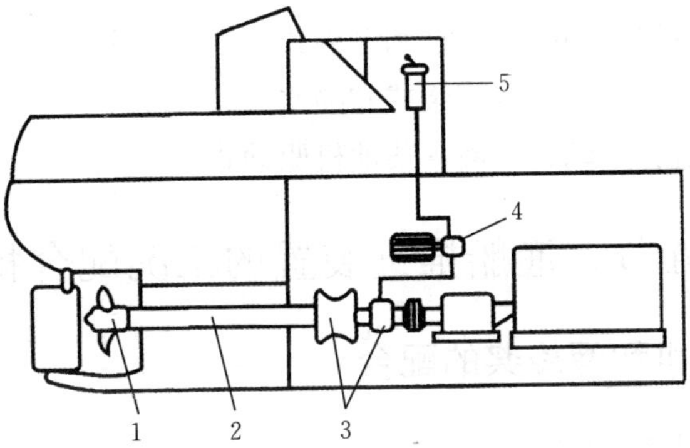

图 4-15　调距桨装置的组成

1. 调距桨　2. 艉轴　3. 调距机构　4. 液压系统　5. 遥控台

三、侧推器

侧推器是产生船舶横向推力（侧推力）的特殊推进装置，它装在船首或船尾水线下的横向导筒中，其推力大小和方向均可根据需要改变。船舶在离靠码头、过运河、进出水闸、穿过狭窄航道和拥挤水域时，需慢速及改变航向，但船速越慢舵效越差，只靠舵效改变航向往往不能满足要求。

1. 侧推装置的作用

① 提高船舶操纵性能，特别是船速为零或很慢时。

② 缩短船舶靠离码头时间。

③ 节省拖船费用。

④ 提高船舶机动航行时安全性。

⑤ 减少主机启动、换向次数，延长主机使用寿命。

2. 对侧推器的要求

① 装置结构简单，工作可靠，维护管理方便。

② 尽可能装在船的端部，以便在同样推力下获得较大的转船力矩。

③ 有足够的浸水深度以提高工作效率。侧推器的螺旋桨轴线离水线距离不得小于它的桨叶直径，以免空气进入螺旋桨处影响其工作。

④ 对船体造成的附加阻力要小，本身工作效率要高。

⑤ 能根据需要迅速改变推力大小和方向。

⑥ 在侧推器旁及驾驶台均能操作，在驾驶台上操作，一般在中央与两翼均可进行。

3. 侧推器的类型

① 按布置位置：艏推、艉推和舷内式、舷外式之分。

② 按产生推力方法：螺旋桨式和喷水式

③ 按原动机：电动、电液、柴油机驱动式。

第五节　渔船推进装置的工况配合特性

一、柴油机和螺旋桨的配合

1. 机、桨配合的原则

柴油机与螺旋桨正确配合的一般原则是：即使柴油机的功率得到充分利用，又使柴油机的功率在全部运转范围内都不会超出允许值。

2. 机、桨配合的影响因素

（1）螺旋桨的结构参数对机、桨配合的影响　螺旋桨的结构参数主要有直径（D）、螺距比（H/D）。直径 D 对螺旋桨产生的推力和吸收的扭矩影响很大，分别为四次方和五次方的关系，所需要的功率也是五次方的关系。对于同一直径的螺旋桨，其螺距越大即螺距比（H/D）越大，所需的功率也越大，因此螺旋桨的特性曲线越陡。对于一定功率的主机，必须选配合适的螺旋桨。

若直径（D）和螺距比（H/D）过大，则螺旋桨会过重，主机带不动，它在高转速下运转时，就会造成超负荷。若直径（D）或螺距比（H/D）选得过小，则螺旋桨会过轻，主机就不能充分发挥它的做功能力。

（2）船舶阻力对机、桨配合点的影响　船舶航行工况的变化，既包括航行的自然条件变化，如风浪大小、水深的变化，也包括各种机动操纵时的过渡过程，如船舶的加速、减速、倒航等。

当船体污底、载重量增加、顶风、浪大和转弯等时，螺旋桨的进程比（λ_p）减小，螺旋桨的特性线变陡，表明船体阻力增加，此时航速变慢，推力和阻力矩也都增大，应注意防止主机超负荷。

当船舶空载、轻载或顺风时，螺旋桨的进程比（λ_p）增大，表明船体阻力减小，此时航速变快，推力和阻力矩也都减小，应注意减小油门防止主机超速。

3. 柴油机的功率和转速的使用范围

主推进装置是船舶的核心，而主推进装置中最重要的设备就是主机。目前绝大多数主机为柴油机，主机工作的好坏不仅取决于主机本身的性能，同时也与船舶设计部门及船东如何选择和使用有密切关系。如果选择和使用不当，即使是一台性能良好的主机，也会造成寿命缩短、事故频繁、经常停航修理等一系列问题。所以在主机选型时，除了使主机满足船舶在试航时船速的要求外，还要考虑在使用一段时间后机器性能下降、船体变脏、螺旋桨结垢的情况下主机和螺旋桨的配合情况，同时也要考虑船舶遇到恶劣气象、复杂海况及不同水域时的适应特性。总的来说，主机选型应考虑柴油机性能方面的优化及船舶在整个使用期内的主要运行工况。

（1）约定最大持续功率。每种型号的船用柴油主机都有其选型区域，区域内任何一工况点都可被选为约定最大持续功率。所谓约定最大持续功率，是指由船东和厂方商定的在船上实际使用的最大功率。

由于所选定工作点的功率和转速往往低于柴油机的标定功率和转速，也称为柴油机的减额输出，所选定工作点的功率称为约定最大持续功率（SMCR 或 CMCR）。采用约定最大持续功率，实际上是在寻求船—机—桨三方面经济效益最佳的匹配。这是一个牵扯面很广的问题，需要考虑到柴油机的燃油消耗率、给定船速所需的最小推进动力、船体形状和螺旋桨效率等问题。

约定最大持续功率的确定需要考虑各种因素，如推进功率、功率和转速储备、是否有轴带发电机等。一般柴油机制造商都有建议的方法来确定约定最大持续功率，通常取 10%～15%的约定最大持续功率作为柴油机功率储备。这样船舶服务航速对应的主机功率一般为 85%～90%的约定最大持续功率（CMCR）。

（2）**柴油机的允许工作范围** 为了使船用柴油机经济、稳定和可靠地工作并具有较长的寿命，必须对运行时可能达到的功率和转速作适当的限制，即确定一个允许的运转范围。主要包括以下四个限制：①柴油机在各种转速下允许达到的最大功率。②柴油机在各种转速下的最小功率。③柴油机在各种负荷下可达到的最高转速。④柴油机在各种负荷下可能达到的最低转速。

二、船、机、桨的特性

1. 船的阻力特性

对于船速不高的民用船舶而言，水对船体的总阻力约与船速的 2 次方成正比，且以摩擦阻力为主。

2. 船、机、桨的相互作用

船体、主机、螺旋桨三者是一个能量的平衡系统。主机是能量的发生器，螺旋桨为能量的转换器，螺旋桨将主机发出的旋转能转换为推进能使船体运动。船体为能量的需求者，螺旋桨的推进能用于克服船体的运动阻力。三者之间的关系可以用图 4-16 来表示。

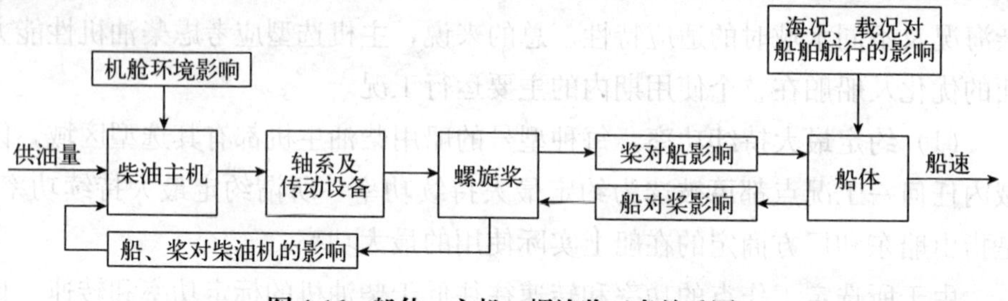

图 4-16 船体、主机、螺旋桨三者关系图

3. 船速与转速的转换关系

根据船的阻力与其航速的平方成正比、螺旋桨的推力及主机的转矩与转速的平方成正比，以及在稳定工况正常航行时，螺旋桨的有效推力和船舶航行阻力是相等的，可以了解船速与转速之间的相互关系，即螺旋桨的转速与船的航速成正比关系。

因此，在研究船、机、桨三者的配合关系时，简化为机、桨二者的配合问题来研究，必要时再把船的因素考虑进去。

4. 调距桨装置的机桨配合特性及调距桨装置的优缺点

可调螺距螺旋桨是根据航行外界条件变化时，通过调节螺旋桨的螺距

(H)，即使桨叶螺旋面与浆毂做相对转动，从而维持螺旋桨特性不变。

调距桨装置具有三个基本工作特性：

① 船舶在任何工况下均能吸收主机的全功率。

② 用不同的转速（n）和螺距比（H/D）相配合，可得到所需要的船舶航速。

③ 在保持螺旋桨转速（n）不变的情况下，改变螺距比（H/D），船舶能具有不同的航速。船舶可从正车最大航速到倒车最大航速。

可调螺距螺旋桨的优点：

① 对船舶航行条件的适应性强。

② 在非设计工况下经济性好。

③ 船舶的机动性得到提高。

调距桨船的操纵特点：船速可通过主机转速和桨的螺距两个参数来调节；船舶的进退可通过使螺距角的正、负变化来完成。

④ 有利于驱动辅助机械。由于主机可以恒速运转，因此对于轴带发电机和辅助机械的船舶特别有利。

⑤ 延长发动机的使用寿命。因可使主机保持恒速运行和不必换向，减少磨损和简化结构。

⑥ 便于实现遥控。

可调螺距螺旋桨的缺点：

① 调距浆和轴系构造复杂，造价高。

② 因浆毂中有转叶机构，使可靠性降低，同时维护保养困难，一旦损坏必须进坞。

③ 设计工况下推进效率比定距浆低 1%～3%。

④ 叶根厚度增大，使桨叶根部容易产生空泡腐蚀（定距桨则在 $0.9R$ 至叶梢易于产生空泡腐蚀）。